海洋生态文明建设战略

——以山东长岛为例

张修玉　陈　尚　施晨逸　主编

U0321328

中国林业出版社

图书在版编目(CIP)数据

海洋生态文明建设战略：以山东长岛为例/张修玉，陈尚，施晨逸主编. —北京：中国林业出版社，2022.1

ISBN 978-7-5219-1528-0

Ⅰ. ①海… Ⅱ. ①张… ②陈… ③施… Ⅲ. ①海洋环境-生态环境建设-研究-长岛县 Ⅳ. ①X145

中国版本图书馆 CIP 数据核字(2022)第 001686 号

出版发行　中国林业出版社有限公司(100009　北京市西城区德内大街刘海胡同 7 号)
　　　　　http://www.forestry.gov.cn/lycb.html

印　　刷　北京中科印刷有限公司
版　　次　2022 年 1 月第 1 版
印　　次　2022 年 1 月第 1 次
开　　本　710mm×1000mm　1/16
字　　数　110 千字
印　　张　7.75
定　　价　45.00 元

《海洋生态文明建设战略》
编著者名单

主　编：张修玉　陈　尚　施晨逸

编　者：何　帅　肖敏志　庄长伟

　　　　许锐杰　滕飞达　胡习邦

　　　　韩　瑜　郑子琪　关晓彤

　　　　马秀玲　孔玲玲　曹　君

　　　　谢紫霞　田岱雯

目　录

绪论 科学谋划海洋生态文明战略

1. 引言

    "海洋命运共同体"是习近平总书记直面全球海洋治理问题提出的重要理念，习近平总书记明确提出，中国高度重视海洋生态文明建设，持续加强海洋环境污染防治，保护海洋生物多样性，实现海洋资源有序开发利用，为子孙后代留下一片碧海蓝天。"生态兴则文明兴，生态衰则文明衰"，一部人与海洋关系的演变史，就是一部海洋文明的兴衰史。联合国《2030年可持续发展议程》可持续发展目标中明确要求"保护和可持续利用海洋及海洋资源以促进可持续发展"。

    海洋生态文明建设的终极目标是"形成并维护人与海洋的和谐关系"。目前，海洋生态系统承载着来自陆海的双重污染和开发压力，新时代背景下积极构建海洋命运共同体是人类的共同梦想，科学谋划海洋生态文明战略，不但有利于推进绿色"一带一路"建设，而且进一步丰富了习近平生态文明思想的实践内涵，对坚持人与海洋和谐共生，探索海洋治理现代化和海洋强国建设都具有重要的现实意义。

2. 我国海洋生态环境治理面临的形势与挑战

    （1）传统海洋生态环境规划陆海统筹意识不强

    过去海洋生态环境治理相关规划内容缺失，形式单一，多集中在海岸带污染治理，对陆地排海污染考虑不足，没有形成规范统一的海洋生态环境相关规划框架体系。此外，陆地与海洋相关的生态环境保护规划缺乏有效衔接，缺乏合理有效的陆海统筹标准体系，海洋生态环境治理规范化程度不高。

(2)部分地区经济粗放发展导致近海污染严重

中国沿海地区产业结构的两个突出特点是滨海工业化和沿海重工化，由于交通等方面的布局，钢铁、炼油、化工等多分布在沿海地区甚至布局在重要海洋生态区附近。这些钢铁、石油炼化等传统产业发展方式粗放，污染排放量大，易发生突发事故，致使中国近海海域污染严重，海洋生物资源生境遭遇破坏，增加了海洋生态环境治理的成本，严重制约了中国海洋生态治理现代化进程。

(3)海洋生态环境治理机制、体制、法治障碍仍未破除

中国海洋生态环境与资源管理涉海部门条块分割，沿海地区各自有本地区多级海洋管理机构，负责当地海洋综合管理的机构存在多重领导、区域割裂的现象，难以实现海洋生态环境管理的统一协调。此外，海洋生态环境法律体系仍相对薄弱，多为单项法规，且行业性突出。区域海洋生态环境治理立法体系缺乏，一些国际先进管理理念在当前法律体系中未得到体现，海洋生态环境治理制度化和法治化有待加强。

(4)海洋生态环境保护主体单一缺少多元共治

国家海洋政策仍以"自上而下"的模式为主，在海洋生态环境政策制定与执行过程中有关利益相关者参与者并没有明确的法律或制度规定，由于缺乏社会各主体参与和监督，政策实施效果不佳。海洋环保社会组织缺乏，影响力不高。企业和公民海洋生态环境保护意识不强，主动参与海洋生态环境保护的热情不高，公民获取海洋生态环境相关信息的渠道狭窄，缺乏多元化渠道参与海洋生态环境保护。

3. 海洋生态文明建设战略

(1)构建陆海统筹的海洋规划体系

一是坚持陆海统筹，编制"多规合一"的海洋规划体系，是海洋生态环境保护的核心战略任务。必须贯彻落实中共中央、国务院《关于建立国土空间规划体系并监督实施的若干意见》，以资源环境承载能力和国土空间开发适宜性评价为基础，全面分析海洋资源环

境本底特征及资源环境风险，统筹划定陆海生态保护红线，优化海岸带开发利用，开展重点区域生态修复，形成陆海一体化的国土空间开发保护和整治修复格局。

二是坚持规划先行，树立三维海洋空间利用意识，全方位优化海洋空间体系。以解决突出生态环境问题为导向，强化海岸带环境治理与生态修复，陆海统筹保护海岸带生态空间；以海洋空间规划为蓝图，有序开展近海、远海、深海及大洋海底的开发活动，纵横结合拓展海洋空间有效利用范围；以海洋空间资源的合理保护与有效利用为核心，深化海洋空间资源保护、海洋空间要素统筹的研究，用保兼顾提升海洋空间利用效率；以海洋管理制度创新为突破，理清各层级政府的空间管理事权、打破部门藩篱和整合各部门空间责权，全面深化海洋空间管理体制改革。

（2）构建绿色低碳的海洋产业体系

将海洋作为高质量发展的战略要地，坚持生态优先、绿色低碳、"绿水青山就是金山银山"的发展理念，积极探索海洋绿色发展新路径，构建绿色低碳的海洋产业体系。围绕建设现代化绿色生态的"立体海洋"模式，培育绿色产业，以绿色低碳的海洋产业体系来引领海洋经济高质量发展。

一是拓宽海洋绿色养殖空间，加大海洋渔业资源养护力度，提高海洋生态资源资产价值转化，以清洁生产和水产品质量安全为目标，以低碳高效的生态养殖技术为手段，建设规模化用海、生态化养殖的海洋牧场，完善绿色海洋养殖产业链，发展健康安全的海洋生态产品。

二是培育海洋工程装备、海洋风电、海洋生物医药、海洋新能源、海水综合利用等新兴产业，推动海洋产业结构由传统低端产业向价值链高端的战略性新兴产业转移，构建绿色海域新兴产业经济链，打造沿海绿色产业经济带。

三是发展滨海休闲旅游业，培育海洋海岛等高端旅游市场，发展海洋海岛等专项旅游产品，助力海洋在旅游业中的产业升级。同时，发展以邮轮、游艇、帆船度假休闲、海钓、海上运动、水上飞机观光等水上休闲娱乐项目为主要产业的海洋旅游经济，推进滨海休闲综合体建设，打造绿色滨海旅游新业态。

（3）构建生态安全的海洋环境体系

一是强化陆源入海污染监管与海洋垃圾整治。在入海污染源排查的基础上，掌握全国入海污染源的数量和位置，综合评估并提出排污口整治建议和监督管理措施。统筹做好海洋垃圾防治顶层设计和业务布局，推进建立微塑料业务化监测布局，监测河流入海口海洋垃圾和微塑料入海通量，分析固体废弃物处置现状，启动近岸海洋经济鱼类和贝类微塑料摄入调查，提出海洋垃圾管理方案措施。

二是加大海洋生态保护与修复力度。强化海洋保护区管理，围绕生态保护和权益维护，优化海洋保护区调整，开展海洋保护区人类活动核查、持续开展海洋保护区专项检查，继续做好海洋保护区管理系统建设，做好海洋保护区信息统计和档案建设，落实《建立国家公园体制总体方案》中海洋领域的重点任务。同时，修复受损海湾、滨海湿地和海岛生态环境，继续推进"蓝色海湾""南红北柳""生态岛礁"等重大整治修复工程实施，组织开展工程实施情况检查和效果评估。

（4）构建文明多元的海洋文化体系

海洋文化核心内涵就是人与海洋生态平衡。2016年国家海洋局办公室印发的《全国海洋文化发展纲要》明确要求到2020年，全民海洋意识显著提高，初步形成全社会关心海洋、认识海洋、经略海洋的良好社会氛围；到2025年，海洋文化公共产品和服务的供给能力大幅提升，极地文化、大洋文化、海岛文化建设等明显加强，海洋文化重点领域取得跨越式发展，海洋文化遗产得到科学保护、有效传承和适度利用，海洋文化人才队伍基本形成，对外海洋文化交流不断深化，在推动21世纪海洋丝绸之路建设中发挥更大作用。

构建文明多元的海洋文化体系，一是要加快海洋文化产业发展，推动海洋文化产业重点门类发展，优化海洋文化产业布局，大力发展海洋文化产业新兴业态，推动海洋文化产业大项目带动和集群发展，增强海洋文化产品与服务的出口能力，扩大海洋文化消费，规范市场秩序；二是要保护海洋文化遗产，开展海洋文化遗产调查，提高海洋文物和海洋非物质文化遗产的保护能力，创新海洋文化遗产保护传承方式，拓展海洋文化遗产传承利用途径。

(5) 构建法制完善的海洋管理体系

一是加强海洋生态环境立法。海洋生态环境治理现代化离不开法律法规和政策的科学合理制定和切实有效执行。从法律体系来看，应在国家海洋生态环境治理法的框架下，制定与完善配套的地方海洋环境保护法，针对具体海域的海区生态环境治理法，形成多层次的海洋综合治理。在违法惩治力度方面，应严格海洋环境立法，对海洋污染、生态破坏行为及其关联行为主体进行行政或刑事处罚，规范相应的奖惩机制，降低海洋生态破坏与环境污染的外部性。在立法过程与执法监督上，应加强信息公开与公众参与，注重多方利益相关者意愿表达，并根据外部环境的发展变化适时对相关法律法规、政策计划做出修订与调整，与时俱进，坚持适应性治理原则。

二是加强机制、体制与制度建设。建立海洋综合管理多部门会商协调机制，强化海洋环境监测与评价；构建陆海统筹的污染防治制度体系，提升海洋生态环境保护水平；完善系统高效的监督管理制度体系，创新监管方式，提升监管效能，推动提升海洋生态保护成效；健全监管有力的生态保护制度体系，强化海域立体化监视监测。逐步完善海洋生态文明制度与保障机制，在重点领域改革取得突破性进展，建立起覆盖海洋生态文明决策、评估、管理和考核等方面制度管理体系。推动"湾长制"的全面实施，巩固围填海管控、海岸线保护、海域海岛有偿使用等改革成果，健全实施方案和配套政策制度，逐级分解管控和保护目标，结合各地实际制定地方监管措施。

(6) 构建创新驱动的海洋科技体系

一是深入实施创新驱动发展战略，着力推动海洋科技向创新引领型转变。大力推进科技兴海战略深入实施，促进海洋经济转型升级，推进科技兴海基地和高技术产业基地建设，大力推动海洋战略性新兴产业尽快形成规模，促进海洋经济向质量效益型转变；推进海洋领域大众创业、万众创新，增强海洋发展新动力，大力推动双创工作在海洋领域深入落实，服务海洋事业发展；创新海洋科技平台和融资平台、建设科技孵化器等举措，坚持走海洋自主创新、科技进步之路，推进高新技术高端产业创新发展；强化海洋调查与探测，发展系列化海洋探测装备，提高海洋调查和勘测技术，构建海、陆、空一体化的海洋立体观测系统；充实完善数字海洋，实现数字化海域动态监管，提高海洋综合管理水平，构建预测海洋的综合性、基础性海洋信息平台，进一步实现海洋环境监测全过程信息化。

二是加大海洋生态环境科学技术研究与人才培养。主动参与国际海洋生态环境治理重大计划，引进先进技术与经验，重点学习与创新海洋垃圾处理技术、海洋监测与评价技术、海洋生态修复技术等。加强 3S 技术以及三维空间技术、历史追踪技术、动态模拟技术、虚拟仿真技术等新兴技术在海洋生态环境治理中的应用，海洋综合管理信息系统及典型海洋生态系统示范系统。同时，整合各高校、科研机构研发力量，创新合作机制。培养和选拔海洋科技和海洋管理人才，为中国海洋生态环境治理现代化以及海洋生态文明建设提供智力支持与人才保障，促进国家"海洋软实力"的提升。

(7)构建国际多边的海洋合作体系

海洋是国际竞争的舞台，是国家利益的实现通道。要谋求互利共享、互惠共赢的合作局面，必须积极参与、有实力参与海洋国际交流合作。海洋国际交流合作是一个国家综合国力和能力的具体体现，是促进经济社会发展和科技进步的助推器，海洋工作只有更多地走出去，才能更好地服务国家建设和人类命运共同体的构建。

一是加强国际海洋文化交流与合作。积极参与海洋文化对外交流活动、国际重大海洋文化活动，以多种方式增加海洋文化传播渠道、扩大海洋文化传播范围、提高海洋文化传播层次，加快建设海洋文化推广的传播平台。以中国重要海洋文化活动为载体，积极邀请国外相关组织与人员参与，加深世界对中华海洋文明的了解。拓展民间交流合作领域，鼓励人民团体、民间组织、民营企业和个人从事对外海洋文化交流，构建"一带一路"海洋交流平台，创新海洋文化国际合作交流机制。

二是深度参与全球海洋治理。落实"　带　路"倡议目标，充分认识"一带一路"建设中海洋领域的独特作用，发挥海洋工作的基础引领和支撑保障作用，在全球海洋治理的总框架下，强化岛屿国家合作交流，编制合作行动计划。推动建立中国——岛屿国家常态化联络机制和多边合作机制，以岛屿国家海洋合作为突破口，推广我国"生态岛礁"建设方案。

三是积极参与国际海洋相关顶层设计。积极参与国际海洋法律、规则、标准等的研究制定，从具体事务合作向普惠原则延伸。扩大蓝色伙伴关系朋友圈，突出各自优势，结合实际需求，开展有针对性的务实合作，互惠互利、互帮互促，共享海洋合作与交流的成果。

4. 结语

目前，全球海洋开发利用程度不断加深，气候变化、海洋生态环境问题逐渐暴露，构建"海洋命运共同体"刻不容缓。必须加强海洋生态文明理论研究，谋划海洋生态文明顶层设计，助推体制机制改革，合理确定符合人民对"美丽海洋"向往的海洋生态环境保护目标。在科学制定和执行海洋环境保护规划、实行海洋综合治理、重视海洋环境立法与执法、注重海洋意识培养与公众参与、鼓励海洋高科技发展、加强区域海洋环境合作等方面，中国应同世界各国风雨同舟、携手同行，共同建设更加美好的"海洋命运共同体"。

第1章　规划背景

1.1　规划背景

党的十八大明确提出"把生态文明建设放在突出地位，融入经济建设、政治建设、文化建设、社会建设各方面和全过程，努力建设美丽中国"。十九大明确要求"牢固树立社会主义生态文明观，推动形成人与自然和谐发展现代化建设新格局，加快生态文明体制改革，建设美丽中国"，并提出全面推进绿色发展、解决突出环境问题、保护自然生态系统与深化改革监管体制等生态文明建设四大任务。

2018年5月18日召开的全国生态环境保护大会正式确立了习近平生态文明思想。习近平总书记传承中华民族优秀传统文化、顺应时代潮流和人民意愿，站在坚持和发展中国特色社会主义、实现中华民族伟大复兴中国梦的战略高度，深刻回答了为什么建设生态文明、建设什么样的生态文明、怎样建设生态文明等重大理论和实践问题，系统形成了习近平生态文明思想，有力指导生态文明建设和生态环境保护取得历史性成就、发生历史性变革。加强生态环境保护、坚决打好污染防治攻坚战是党和国家的重大决策部署。2018年6月16日印发的中共中央、国务院《关于全面加强生态环境保护坚决打好污染防治攻坚战的意见》指出，要深入学习贯彻习近平新时代中国特色社会主义思想和党的十九大精神，决胜全面建成小康社会，全面加强生态环境保护，打好污染防治攻坚战，提升生态文明，建设美丽中国。

2019年10月，党的十九届四中全会通过的中共中央《关于坚持和完善中国特色社会主义制度、推进国家治理体系和治理能力现代化若干重大问题的决定》，其中对生态文明制度体系和生态建设问题进行了深刻阐释。全会公报指出："必须践行绿水青山就是金山银山的理念，坚持节约资源和保护环境的基本国策，坚持节约优先、保护优先、自然恢复为主的方针，坚定走生产发展、生活富裕、生态良好的文明发展道路，建设美丽中国。要实行最严格的生态环境保护制度，全面建立资源高效利用制度，健全生态保护和修复制度，严明生态环境保护责任制度。"

2020 年 10 月，党的十九届五中全会在北京举行。全会对生态文明建设和生态环境保护作出重大决策部署，会议审议通过了《中共中央关于制定国民经济和社会发展第十四个五年规划和二○三五年远景目标的建议》，其中明确提出二○三五年"广泛形成绿色生产生活方式，碳排放达峰后稳中有降，生态环境根本好转，美丽中国建设目标基本实现"的远景目标和"十四五"时期的新目标，即"生态文明建设实现新进步，国土空间开发保护格局得到优化，生产生活方式绿色转型成效显著，能源资源配置更加合理、利用效率大幅提高，主要污染物排放总量持续减少，生态环境持续改善，生态安全屏障更加牢固，城乡人居环境明显改善"。该意见为新时代加强生态文明建设和生态环境保护工作提供了方向指引和行动指南。

习近平生态文明思想为推进美丽中国建设、实现人与自然和谐共生的现代化提供了方向指引和根本遵循，必须用来武装头脑、指导实践、推动工作，把生态文明建设重大部署和重要任务落到实处，让良好生态环境成为人民幸福生活的增长点、成为经济社会持续健康发展的支撑点、成为展现地区良好形象的发力点。

2020 年 3 月，中共中央办公厅、国务院办公厅印发《关于构建现代环境治理体系的指导意见》，要求：到 2025 年，建立健全环境治理的领导责任体系、企业责任体系、全民行动体系、监管体系、市场体系、信用体系、法律法规政策体系，落实各类主体责任，提高市场主体和公众参与的积极性，形成导向清晰、决策科学、执行有力、激励有效、多元参与、良性互动的环境治理体系。

生态环境部一直高度重视生态文明建设示范区创建。2013 年出台《关于大力推进生态文明建设示范区工作的意见》，明确生态示范区创建是生态文明建设的第一阶段，生态文明建设示范区是第二阶段，提出"生态建设示范区（原生态示范区）"正式更名为"生态文明建设示范区"。2016 年正式发布《国家生态文明建设示范区管理规程（试行）》《国家生态文明建设示范县、市指标（试行）》标志着全国生态文明建设示范区创建进入推广阶段。2017 年原环保部印发了《关于开展第一批国家生态文明建设示范市县评比工作的通知》，并于 2017 年 9 月组织评选了第一批生态文明建设示范市县 46 个。2018 年 5 月生态环境部印发了《关于开展第二批国家生态文明建设示范市县评选工作的通知》，并于 2018 年 12 月组织评选了第二批生态文明建设示范市县 45 个；2019 年 9 月，生态环境部印发了《关于印发〈国家生态文明建设示范市县建设指标〉〈国家生态文明建设示范市县管理规程〉和〈"绿水青山就是金山银山"实践创新基地建设管理规程（试行）〉的通知》，并于 2019 年 11 月评选出 84 个国家生态文明建设示范市县和 23 个"绿水青山就是金山银山"实践创新基地。2020 年，生态环境部《关于开展第四批国家生态文明建设示范市县和"绿水青山就是金山银山"实践创新基地遴选工作的通知》，充分发挥生态文明示范创建的平台载体和典型引领作用。

山东省人民政府 2018 年 6 月 19 日正式下文批复，烟台设立长岛海洋生态文明综合试验区（以下简称试验区）。试验区范围为长岛 151 个岛屿和所属海域，岛陆面积 59.3 平方公里，海域面积 3242.7 平方公里，海岸线长 184.6 公里。

试验区建设要以习近平新时代中国特色社会主义思想为指导，全面贯彻落实党的十九大精神，坚持新发展理念，落实节约资源和保护环境的基本国策，实施最严格的生态环境保护制度，把生态保护作为第一要务，把绿色发展作为根本前提，坚持世界眼光、国际标准、长岛优势，以体制创新、模式探索为重点，强化政策保障，推动陆海统筹发展，将试验区建设成为蓝色生态之岛、休闲宜居之岛和军民融合之岛，为探索海洋生态保护、持续发展、军民融合新路径发挥示范作用。

试验区全面落实国家、山东省、烟台市关于生态文明建设的要求，编制《长岛海洋生态文明综合试验区生态文明建设规划（2020—

2030 年)》，通过全面分析长岛海洋生态文明综合试验区生态文明建设现状与进展，评估试验区生态文明建设的成效与主要环境问题，明确生态文明建设有利条件和制约因素，并采用科学方法，预测分析试验区生态文明建设面临的压力与挑战，明确试验区生态文明建设的目标和重点任务，提出符合国家要求和试验区特色的目标指标体系，从生态空间、生态经济、生态安全、生态文化、生态生活、生态制度、等六个方面，因地制宜地制定试验区生态文明建设的具体任务和措施，将生态文明建设的重点任务项目化、工程化，明确重点工程的内容、资金、责任单位等要求，从经济技术角度论证目标可达性，提出规划落实的保障措施。

通过规划的编制实施，统筹试验区生态文明建设工作，坚持以生态文明建设工程为主抓手，以提高人民生活质量为根本，以生态制度为保障、生态环境为基础、生态经济为核心、生态生活为目标、生态文化为灵魂，倡导生态文明理念，以促进传统经济与社会的生态转型为导向，努力创建以绿色发展引领的国家生态文明建设示范区。

1.2　建设背景

习近平生态文明思想是我们党与政府创造性地回答经济发展与资源环境关系问题所取得的最新理论成果，为统筹人与自然和谐发展指明了前进方向。习近平生态文明思想对城市的建设管理和发展也提出了新任务、新要求。

为全面贯彻落实习近平生态文明思想和国家、山东省、烟台市关于生态文明建设的要求，长岛海洋生态文明综合试验区启动《长岛海洋生态文明综合试验区生态文明建设规划（2020—2030 年)》编制任务，旨在通过建设规划的编制，把生态文明建设作为现代化建设奋斗目标体系的重要组成部分，确定生态文明的理念，从体制上建立节约资源、保护环境、维护生态良性循环的保障机制，从投入上确保生态文明建设目标任务和各项工作的落实到位，从评价考核指标上强化生态文明建设的重要地位，促进生态文明建设与经济、政治、文化、社会建设协调发展，满足人们不断增长的生态需求和生态权利，实现人与城市、自然的和谐统一和永续发展。

1.3 编制依据

1.3.1 国家法律法规和规范性文件

①《中华人民共和国环境保护法》(2014 年 4 月修订)；

②《中华人民共和国水污染防治法》(2008 年 2 月修订)；

③《中华人民共和国大气污染防治法》(2015 年 8 月修订)；

④《中华人民共和国环境噪声污染防治法》(1996 年 10 月)；

⑤《中华人民共和国固体废物污染环境防治法》(2015 年 4 月修订)；

⑥《中华人民共和国水法》(2002 年 8 月修订)；

⑦《中华人民共和国清洁生产促进法》(2012 年)；

⑧《中华人民共和国循环经济促进法》(2008 年)；

⑨《国务院关于落实科学发展观加强环境保护的决定》(2005 年 12 月)；

⑩《建设项目环境保护管理条例》(1998 年 12 月)；

⑪《国务院办公厅转发环保总局等部门关于加强农村环境保护工作意见的通知》(2007 年)；

⑫《畜禽规模养殖污染防治条例》(2014 年 1 月)；

⑬《中华人民共和国节约能源法》(2007 年 10 月)；

⑭《粤港澳大湾区发展规划纲要》(2019 年 2 月)

⑮《环境保护督察方案(试行)》(2015 年 7 月)；

⑯《生态环境监测网络建设方案》(2015 年 7 月)；

⑰《关于开展领导干部自然资源资产离任审计的试点方案》(2015 年 7 月)；

⑱《党政领导干部生态环境损害责任追究办法(试行)》(2015 年 8 月)；

⑲《推动共建丝绸之路经济带和 21 世纪海上丝绸之路的愿景与行动》(2015 年 3 月)；

⑳《关于加快推进生态文明建设的意见》(2015 年 4 月)；

㉑《生态文明体制改革总体方案》(2015 年 9 月)；

㉒《大气污染防治行动计划》(2013 年 9 月);

㉓《水污染防治行动计划》(2015 年 4 月);

㉔《关于印发〈国家生态文明建设示范市县建设指标〉〈国家生态文明建设示范市县管理规程〉和〈"绿水青山就是金山银山"实践创新基地建设管理规程(试行)〉的通知》(2019 年 9 月);

㉕《土壤污染防治行动计划》(2016 年 6 月);

㉖《行政区域突发环境事件风险评估推荐方法》(2018 年);

㉗《环境应急资源调查指南(试行)》(2019 年 3 月);

㉘《防治海洋工程污染损害海洋环境管理条例》。

1.3.2　地方法规和规范性文件

①《山东省环境保护条例》(2018 年 11 月修订);

②《山东省水污染防治条例》(2018 年 9 月);

③《山东省大气污染防治条例》(2018 年 11 月修订);

④《山东省海洋环境保护条例》(2018 年 11 月修订);

⑤《山东省土壤污染防治条例》(2019 年 11 月);

⑥《山东省实施〈中华人民共和国环境影响评价法〉办法》(2018 年 11 月修订);

⑦《山东省机动车排气污染防治条例》(2018 年 1 月修订);

⑧《山东省实施〈中华人民共和国固体废物污染环境防治法〉办法》(2018 年 1 月修订);

⑨《山东省环境噪声污染防治条例》(2018 年 1 月修订);

⑩《山东省南水北调工程沿线区域水污染防治条例》(2018 年 1 月修订);

⑪《山东省辐射污染防治条例》(2014 年 1 月);

⑫《山东省城乡规划条例》(2012 年 12 月);

⑬《山东省清洁生产促进条例》(2010 年 7 月);

⑭《山东省农业环境保护条例》(2004 年 7 月修订);

⑮《山东省医疗废物管理办法》(2020 年 3 月);

⑯《关于印发烟台市打好饮用水水源水质保护攻坚战实施方案的通知》;

⑰《关于转发〈关于严格执行山东省大气污染物排放标准的通

知〉的通知》；

⑱《关于印发烟台市柴油货车污染防治攻坚行动方案和烟台市土壤污染防治工作方案的通知》。

1.4　规划范围

规划范围为长岛海洋生态文明综合试验区范围，包括：长岛151 个岛屿和所属海域，管辖国土面积 3302 平方公里，其中，岛陆面积 59.3 平方公里，海域面积 3242.7 平方公里，海岸线长 184.6公里。

1.5　规划期限

规划基准年为 2019 年，规划近期为 2020—2025 年，中远期为2026—2030 年。

1.6　技术路线

本规划编制技术路线如图 1-1 所示。

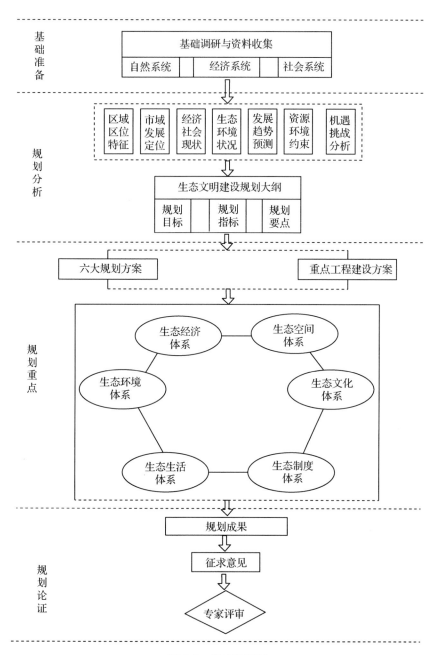

图 1-1　技术路线图

第2章 长岛县生态文明建设基础

2.1 自然地理概况

2.1.1 地理位置

　　长岛，又称庙岛群岛，隶属于山东省烟台市。地理坐标为37°53′30″~38°23′58″N，120°35′38″~120°56′36″E。长岛位于胶东半岛、辽东半岛之间，黄渤海交汇处，地处环渤海经济圈的连接带，东临韩国、日本，西守京津，南距蓬莱7公里，北距旅顺42公里，是进出渤海必经的"黄金水道"，战略位置十分突出。

　　长岛综合试验区由151个岛屿组成，海岸线总长184.6公里，岛陆面积59.3平方公里，海域面积3242.7平方公里，总管辖面积3302平方公里。群岛呈南北向纵列于渤海海峡，南北岛距长度56.4公里，东西岛宽度30.8公里，各岛以砣矶岛为中心，整体上呈NNE向分布(图2-1)，其中有32个岛屿的岛陆面积大于500平方米，这其中最大的岛屿为南长山岛，面积14.03平方公里，位于群岛的最南端。

　　151个岛屿中南长山岛、北长山岛、大黑山岛、庙岛、小黑山岛、砣矶岛、小钦岛、大钦岛、北隍城岛、南隍城岛10个岛屿为区内较大的岛屿，为有居民岛，其余岛屿均为无居民岛。

2.1.2 地质地貌

　　(1)地质

　　长岛综合试验区诸岛北邻辽东隆起，南连胶东隆起，在大地构造上处于华北板块的东北部中朝地块的胶辽隆褶带内。处于同一大地构造单元的各岛屿，基底和地质构造特征相似，均由震旦纪石英岩组成，个别岛屿出露丁枚岩和板岩，整个群岛缺失古生界、中生

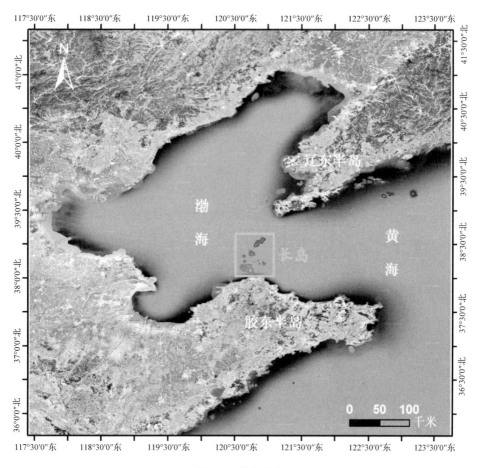

图 2-1 长岛区位

界和下第三系，第四纪时期出现黄土和海相沉积。长岛综合试验区诸岛西邻渤海坳陷，位于郯庐断裂构造带东部，整个群岛由于受构造影响，各岛屿长期处于构造抬升状态，使之成为矗立于渤海海峡之上的分割渤海、黄海盆地的古老陆地。长岛各岛屿总体呈 NNE 向线性排列，断裂构造较发育，地层多呈单斜，但每座岛屿的构造格局又有所不同，分别受 NE、NNE/EW 和 NW 向几组构造线所控制。由于组成各岛屿的石英岩层产状陡峭，再加上断层活动影响，各岛屿沿岸悬崖陡峭，海蚀地貌极为发育。

长岛诸岛屿中地层主要分布有新元古界蓬莱群、新生界第三系火山岩和第四系松散沉积物。

（2）地貌

长岛综合试验区诸岛中南部岛屿密集，海域犹如内陆湖泊，岸坡缓冲，北部岛屿呈条带状，分布较散，坡陡崖峭，多似孤峰插海。151个海岛中南长山岛、北长山岛、砣矶岛、大钦岛和北隍城岛多峡谷，并且局部有小块平地。

诸岛海岸曲折蜿蜒，岸线总长184.6公里，构成99处海湾，岩石质岸线长69公里，砾石质岸线长77公里。岛陆上山丘起伏，海拔大都在200米以下，其中海拔100~200米的山丘145座，低于100米的山丘249座，大于200米的2座。最高岛屿为高山岛，海拔202.8米。最大岛为南长山岛，面积14.03平方公里。丘陵地占岛陆总面积的90%，地形起伏较大，山峰陡峭，山体坡度一般在10°~30°，滨海低洼地占总面积的10%，地形平坦，海拔一般低于10米。

岛屿间有大小水道14条，南部岛屿间海底地势基本平坦，水深一般<20米，北部岛屿间水深度变化大，海底地势起伏较大。

在地质构造、地层岩性、水文、气象等因素的综合影响和作用下，根据形态特征，可将长岛综合试验区内地貌分为剥蚀丘陵、黄土地貌、海岸地貌三种类型。

剥蚀丘陵：分布于区内各岛，丘陵和山脉多与地层走向一致（南、北长山岛尤为明显），岛陆起伏较大，基岩裸露，海拔高度一般<200米，切割深度一般<100米。诸岛山势多为平顶山和半劈山，山体坡度一般在10°~40°。除南长山、北长山、大黑山、砣矶、大钦和北隍城等岛有多山夹谷和局部小块平地外，多数岛屿为露海孤山。

黄土地貌：黄土分布于各大岛屿的沟谷和低平地，集中分布在海拔10~70米的范围内，总厚度20米左右。主要有黄土台地、黄土坡地、黄土冲沟、黄土陡崖等。

海岸地貌：受地质构造、地层产状、岩性、海流及波浪等因素控制，在各岛沿岸有规律地发育了海蚀、海积地貌。

在大黑山岛和南砣子岛之间，庙岛和羊砣子岛、牛砣子岛之间，南、北长山岛之间，均有连岛沙坝。在大竹山、南隍城、小黑山等岛的港湾处有沙堤堆积，形成现代潟湖。

2.1.3 气候

长岛海域兼有海洋性和大陆性气候特点，大陆度为 53.2%。因受冷暖空气交替的影响，加之海水的调温作用，四季特点是：春季风大回暖晚，夏季雨多气候凉，秋季干燥降温慢，冬季风濒寒潮多。

长岛综合试验区年平均气温在 11.0~12.0℃，由南向北递减。全区历年年平均降水量为 537.1 毫米。区域之内的降水由南向北呈递减趋势，降水量季节分布明显，降水日数集中于 7~8 月份。

长岛综合试验区地处海峡风道，秋冬季节受西伯利亚南下冷空气影响，盛行偏北大风；春夏季节受蒙古至我国东北地区气旋和江淮气旋的影响，盛行西南和东北大风。夏季和秋季由于还受太平洋台风的影响，使得该区风大且多，最大风速可达 40 米/秒，并有自南向北频率高、风力大的特点。

长岛地区年平均雾日数为 27.0 天，4~7 月份雾日较多，9 月至翌年 1 月很少出现雾日。海雾以南隍城岛最多，北长山岛最少。全区历年年平均相对湿度为 67%，其中 7~8 月最大，为 85%；12 月最小，为 60%。长岛综合试验区历年年平均霜日为 121 天。

台风(含热带风暴)主要出现在夏季和初秋。台风中心穿过半岛的多出现在 7、8 月份，8~12 级狂风暴雨并形成风暴潮，危害很大。寒潮主要发生在 10 月至翌年 4 月间。长岛综合试验区是烟台市缺水严重的地区之一，一般春夏干旱较频。

2.1.4 水文

长岛岛群内各岛多为独立岛屿，岛上无河流湖泊分布。地表水全靠大气降水补给。长岛地区地下水资源贫乏，除大冲沟下游分布少量松散岩类孔隙水外，大部分为基岩裂隙水。

潮汐为正规半日潮，潮高地理分布北部较南部高。平均潮差的逐月变化在 9~11 厘米；一年中有两峰两谷，峰值在 3 月和 9 月，谷值在 6 月和 12 月。

波浪在冬季(10 月至翌年 3 月)盛行东北风时，以北向和西北向的浪占优势，大浪出现较多。夏季盛行偏南风，其波浪以东南向和西北向占优势，大浪很小出现。由于波浪受地形和风的影响，浪高和周期均有明显季节变化。渤海全年均以风浪为主，涌浪较少，长山岛地处渤海海峡，波型以风浪为主。

潮流类型为正规半日潮和不正规半日潮皆有。潮流运动形式以往复流为主。

2.1.5　土壤

长岛地区土壤以棕壤、褐土为主，兼有部分潮土，总面积5596.3公顷。棕壤土类主要分布于山丘中上部。褐土土壤面积2337.8公顷，占土壤总面积的41.8%，主要分布在山丘中下部和部分滨海平缓地，以南长山、北长山、大黑山和小黑山岛为主。潮土土类面积57.4公顷，占土壤总面积的1%，主要分布于滨海平缓地。其中，滨海盐化潮土分布在长山岛嵩前村西北部，潜水埋深2米左右，耕性一般；滨海卵石土，分布于北长山岛的北城村，潜水埋深3米左右。

2.2　社会经济现状

2.2.1　建置沿革

长岛县古为莱夷之地。秦朝、汉、晋、隋时期属黄县。唐朝神龙三年(公元707年)属蓬莱县。

1913年，长岛成立地方自治会，负责辖区内行政管理，隶属蓬莱县。1929年冬，设置长山岛行政区，直属山东省。1933年10月26日，长山岛行政区改建长山八岛特区，直属山东省。1935年3月4日，撤销长山八岛特区，划归蓬莱县。同年6月，恢复长山八岛特区，仍直属山东省。1937年1月19日，长山八岛特区隶属山东省第七行政督察区。1939年5月，日伪开始统治长岛；是年9月18日，成立长山八岛专员办事处，隶属烟台市。1941年9月，撤销长山八岛专员办事处，成立长山岛区，隶属蓬莱县。1945年10月25日，成立长山岛特区，隶属山东解放区之胶东行政区北海专区。1949年8月12日，恢复长山岛特区，隶属胶东行政区北海专区。

1950年5月，长山岛特区政府改为长山岛特区办事处。1950年11月，经内务部批准，恢复设置长山岛特区人民政府，为县级，隶属莱阳专区。1956 年 5 月 25 日，撤销长山岛特区，成立长岛县，隶属莱阳专区。1958 年 11 月，长岛县与蓬莱县、黄县合并称蓬莱县，长岛县改建为长岛人民公社。1962 年 4 月，长岛人民公社改建为长岛区，隶属蓬莱县。

1963 年 6 月 29 日，恢复长岛县，隶属烟台专区。1967 年，隶属烟台地区。1983 年 8 月 30 日隶属烟台市。

2018 年 6 月 19 日，山东省人民政府正式批复设立长岛海洋生态文明综合试验区。2020 年 6 月 5 日，经国务院批准，撤销蓬莱市、长岛县，设立烟台市蓬莱区，以原蓬莱市、长岛县的行政区域为蓬莱区的行政区域。

2.2.2　行政区划

长岛综合试验区是烟台市直属的特殊功能区，具有市级经济管理权限。共设 2 镇、6 乡、2 个开发管理处，共 40 个行政村（居委会），全区人口皆住在这些岛上（图 2-2）。

2.2.3　人口现状

截至 2019 年年底，全区年末总户数 15183 户，年末总人口为 41286 人，其中城镇人口 22155 人，出生人口 297 人，死亡人口 291 人，出生率 7.18‰，死亡率 7.03‰，自然增长率为 0.14‰。

2.2.4　经济发展

2019 年，长岛全区实现地区生产总值 743741 万元，按可比价计算比上年增长 1.5%；第一产业实现增加值 440943 万元，比上年增长 3.2%；第二产业实现增加值 31767 万元，比上年减 8.7%；第三产业实现增加值 271031 万元，比上年减 0.1%。三次产业比重为 59.3：4.3：36.4。人均国内生产总值 169417 元，比上年增长 1.2%。全体居民人均可支配收入 27502 元，比上年增长 8.6%。城镇居民人均可支配收入 38124 元，比上年增长 7.2%；农村居民人均可支配收入 24269 元，比上年增长 9.7%。

长岛海洋渔业历史悠久，是长岛的绝对支柱产业。渔业中，养殖业贡献占 75% 左右，捕捞业贡献占 25% 左右。旅游业是长岛第二重要的支柱产业。交通运输业是长岛的第三重要产业。

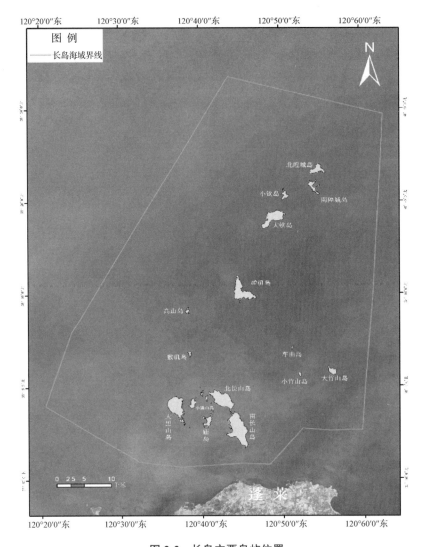

图 2-2 长岛主要岛屿位置

2.3 工作基础

"十三五"期间，长岛县以习近平生态文明思想为指导，以十九届四中全会关于生态文明最新理念为方针，紧紧围绕"五位一体"总体布局，积极贯彻落实国家、山东省、烟台市相关要求，取得了以下成效。

2.3.1　生态环境质量不断提升

岸上，拆除养殖大棚 2 万余平方米，拆除生产用锅炉 30 余套；拆除违章建筑 400 多平方米，清除违建垃圾 20 余吨。配合做好庙岛岸线岸滩综合整治工程，拆除庙岛东侧养殖围堤 2.35 公里，实现退围还海 5.8 万平方米。山上，投入近 150 万元在裸露山体补种各类树木 7000 余棵，实施生态修复和景观提升。种植法桐等 1000 棵，全面推进"退耕还林"。投资 35 万元购置垃圾分类处理设备、雇佣第三方专业公司，辖区居民生活垃圾全面实施分类处理；修复地质灾害隐患点 2 处，建设护坡墙体 500 余米；建立"海上环卫"机制，岛屿环卫覆盖山体、村庄、海面全域；完成庙岛村 300 吨/日、庙岛山前村 20 吨/日污水处理设施建设，建设收集管网 2000 余米，生活污水无害化处理能力全面提高。严格执行烟花爆竹禁放政策，大力推广清洁燃煤和电代煤取暖。

2.3.2　产业结构转型升级取得新进展

坚持生态保育优先工作原则和绿色发展理念，生态旅游产业不断壮大。投入 110 万元对码头旅游市场进行整体改造，彻底改变原先脏乱环境；大力发展渔家乐产业，截至 2020 年渔家乐业户发展为 4 家，游客留岛环境改变明显；完成显应宫景区建筑墙体粉刷，景点整体风貌焕然一新；坚持"一岛一品"，庙岛妈祖文化品牌完成创建目标，"十个一"工作措施全部落实到位。渔养产业取得新突破，拆除原有的生产平台，统一规划建设新的生产区，投资 200 万元建设物资仓库 3000 平方米，统一安装生产设备、安放生产物资，实现生产区与生活区分离，群众满意度有效提升。

2.3.3　基础设施建设取得新突破

完成庙岛村至山前村道路大修工程，岸边增设防护围栏，居住区实现硬化道路户户通，"亮化工程"覆盖庙岛道路全线，道路安全充分保障；新增直饮水净化设施 2 处，改造供水管线 800 余米，建设海水淡化站 1 处，新建蓄水池 3 处，整修平塘 2 处，饮水安全和质量双提升；加快实施供电安全改造，辖区住户电表全部更换为智能电表，改造供电线路 4 条。

第3章　生态环境质量现状与演变趋势

3.1　海洋环境质量

　　2018 年 8 月至 2019 年 5 月，在长岛海域范围内开展四个航次的长岛海洋生态环境调查工作，其中水质和生物生态调查四个航次，沉积物调查一个航次，共设置站位 100 个。

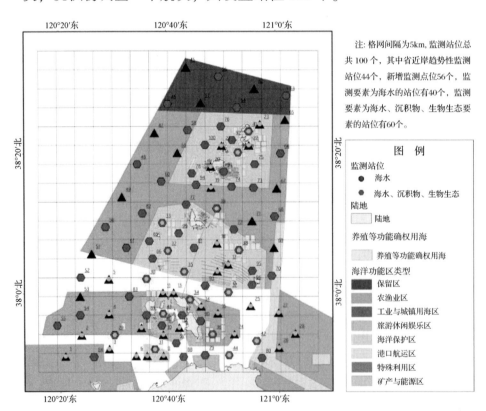

图 3-1　长岛海洋生态环境调查站位示意图

表 3-1　长岛海洋生态环境调查站位表

站位	监测项目	站位	监测项目	站位	监测项目	站位	监测项目
1	海水	26	海水	51	海水	76	海水、沉积物、生物生态
2	海水	27	海水	52	海水、沉积物、生物生态	77	海水、沉积物、生物生态
3	海水	28	海水	53	海水	78	海水、沉积物、生物生态
4	海水	29	海水、沉积物、生物生态	54	海水、沉积物、生物生态	79	海水、沉积物、生物生态
5	海水	30	海水、沉积物、生物生态	55	海水、沉积物、生物生态	80	海水、沉积物、生物生态
6	海水	31	海水、沉积物、生物生态	56	海水、沉积物、生物生态	81	海水、沉积物、生物生态
7	海水	32	海水、沉积物、生物生态	57	海水	82	海水、沉积物、生物生态
8	海水	33	海水、沉积物、生物生态	58	海水、沉积物、生物生态	83	海水、沉积物、生物生态
9	海水	34	海水、沉积物、生物生态	59	海水	84	海水、沉积物、生物生态
10	海水	35	海水、沉积物、生物生态	60	海水、沉积物、生物生态	85	海水、沉积物、生物生态
11	海水	36	海水、沉积物、生物生态	61	海水、沉积物、生物生态	86	海水、沉积物、生物生态
12	海水	37	海水、沉积物、生物生态	62	海水	87	海水、沉积物、生物生态
13	海水	38	海水、沉积物、生物生态	63	海水、沉积物、生物生态	88	海水、沉积物、生物生态
14	海水	39	海水、沉积物、生物生态	64	海水、沉积物、生物生态	89	海水、沉积物、生物生态
15	海水	40	海水、沉积物、生物生态	65	海水	90	海水、沉积物、生物生态
16	海水	41	海水、沉积物、生物生态	66	海水、沉积物、生物生态	91	海水、沉积物、生物生态
17	海水	42	海水、沉积物、生物生态	67	海水	92	海水、沉积物、生物生态
18	海水	43	海水、沉积物、生物生态	68	海水、沉积物、生物生态	93	海水、沉积物、生物生态

(续)

站位	监测项目	站位	监测项目	站位	监测项目	站位	监测项目
19	海水	44	海水、沉积物、生物生态	69	海水	94	海水、沉积物、生物生态
20	海水	45	海水	70	海水、沉积物、生物生态	95	海水、沉积物、生物生态
21	海水	46	海水、沉积物、生物生态	71	海水	96	海水、沉积物、生物生态
22	海水	47	海水	72	海水、沉积物、生物生态	97	海水、沉积物、生物生态
23	海水	48	海水、沉积物、生物生态	73	海水、沉积物、生物生态	98	海水、沉积物、生物生态
24	海水	49	海水	74	海水、沉积物、生物生态	99	海水、沉积物、生物生态
25	海水	50	海水、沉积物、生物生态	75	海水、沉积物、生物生态	100	海水、沉积物、生物生态

3.1.1　海水水质

（1）海水酸碱度（pH 值）

pH 是海水中氢离子活度的一种度量。海水表层正常的 pH 在 7.5~8.2，引起海水 pH 变化的自然因素是海洋生物的光合作用、生物呼吸和有机物的分解。引起海水 pH 变化的人为因素是排放含酸或含碱的工业废水或废物，水体过营养化引发"赤潮"也会使局部海域 pH 升高。海水的 pH 直接或间接影响海洋生物的营养、消化、呼吸、生长、发育和繁殖。对海洋生物来说，pH 是一个重要的生态因子。各种生物都有其生长发育的最适 pH 值范围，这是长期适应的结果。过高或过低 pH 对海洋生物活动都是有害的。

2018 年 8 月调查，海域 pH 变化范围 7.8~8.24，平均 8.12；2018 年 10 月调查，海域 pH 变化范围 7.84~8.23，平均 8.09；2019 年 3 月调查，海域 pH 变化范围 8.13~8.27，平均 8.20；2019 年 6 月调查，海域 pH 变化范围 8.01~8.19，平均 8.12。如图 3-2~图 3-5。

根据四个航次调查数据的空间分布图可以看出，长岛海域 pH 值的空间差异性较小，四季的变化范围均在 7.8~8.27 内，满足一类海水水质标准。

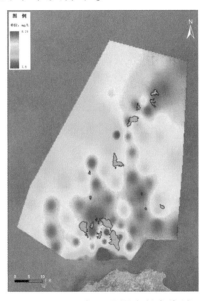

图 3-2 2018 年 8 月调查长岛海域 pH 分布图

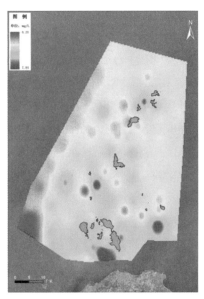

图 3-3 2018 年 10 月调查长岛海域 pH 分布图

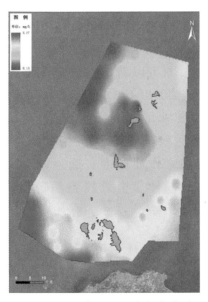

图 3-4 2019 年 3 月调查长岛海域 pH 分布图

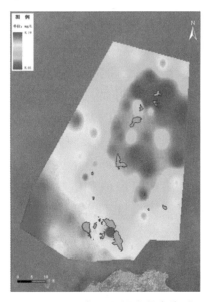

图 3-5 2019 年 6 月调查长岛海域 pH 分布图

（2）溶解氧

溶解氧（DO）指溶解于水中的氧气。溶解氧饱和度指海水中氧的现场实测浓度与现场条件下（水温、盐度）氧的饱和溶解度的百分比值，以符号 $O_2\%$ 表示。海水中溶解氧的主要来源是由于大气中氧的溶解和海洋植物光合作用释放的氧气，因而在浮游植物大量繁殖时，水中的氧常呈过饱和状态。水中溶解氧的消耗主要是通过海洋生物的呼吸作用和水中有机与无机物被氧化过程的耗氧。一般情况下，无污染的表层海水溶解氧多呈饱和状态，底层由于降解有机物的分解消耗氧气呈不饱和状态。海水溶解氧的分布变化与大气分压、海水物理、化学、生物因子有着密切联系，是进行海洋环境评价的重要指标之一。海水中充足的溶解氧是海洋生物生存的必要条件，其含量的高低是评价水体质量的重要指标。

2018 年 8 月调查，海域溶解氧含量变化范围 5.57~8.42 毫克/升，平均 7.24 毫克/升；2018 年 10 月调查，海域溶解氧含量变化范围 6.41~8.03 毫克/升，平均 7.12 毫克/升；2019 年 3 月调查，海域溶解氧含量变化范围 9.02~12.05 毫克/升，平均 10.42 毫克/升；2019 年 6 月调查，海域溶解氧含量变化范围 7.52~11.48 毫克/升，平均 8.75 毫克/升。如图 3-6~图 3-9。

根据四个航次调查数据的空间分布图可以看出，长岛海域溶解氧的空间差异明显，总体呈北高南低。2018 年 8 月的夏季调查中，除南部近蓬莱处的部分海域溶解氧浓度满足二类海水水质标准外，其余海域均满足一类海水水质标准。在秋季、冬季和春季调查中，长岛海域全域溶解氧浓度均满足一类海水水质标准。通过四次调查得到的溶解氧最值和平均值可以看出其总体呈上升趋势，表明长岛海域水质优良且不断提升。

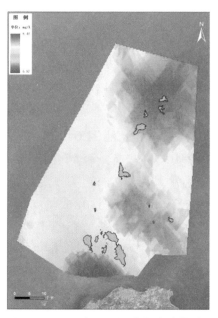

图 3-6　2018 年 8 月调查长岛海域溶解氧分布图

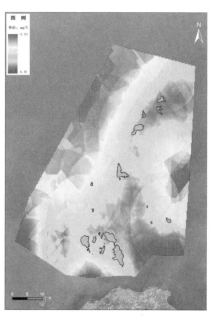

图 3-7　2018 年 10 月调查长岛海域溶解氧分布图

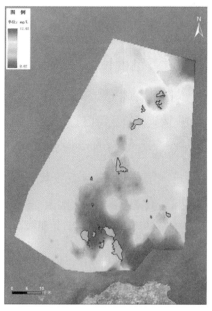

图 3-8　2019 年 3 月调查长岛海域溶解氧分布图

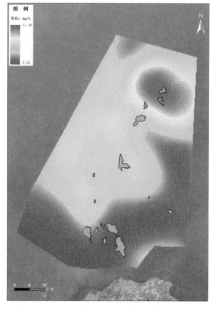

图 3-9　2019 年 6 月调查长岛海域溶解氧分布图

(3) 化学需氧量

化学需氧量是指水体中能被氧化的物质在规定条件下进行化学氧化过程中所消耗氧化剂的量，以每升水样消耗氧的毫克数表示，通常记为 COD。化学需氧量越大，说明水体受有机物的污染越严重。

2018 年 8 月调查，海域化学需氧量含量变化范围 0.228～1.75 毫克/升，平均 0.882 毫克/升；2018 年 10 月调查，海域化学需氧量含量变化范围 0.420～1.78 毫克/升，平均 0.924 毫克/升；2019 年 3 月调查，海域化学需氧量含量变化范围 0.814～1.485 毫克/升，平均 1.078 毫克/升；2019 年 6 月调查，海域化学需氧量含量变化范围 0.29～1.20 毫克/升，平均 0.71 毫克/升。如图 3-10～图 3-13。

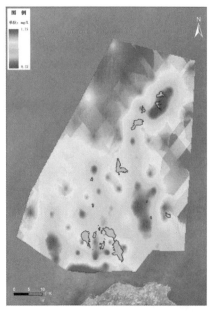 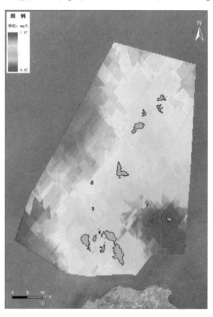

图 3-10　2018 年 8 月调查长岛海域化学需氧量分布图　　　图 3-11　2018 年 10 月调查长岛海域化学需氧量分布图

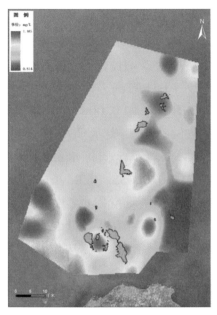

图 3-12　2019 年 3 月调查长岛海域化学需氧量分布图

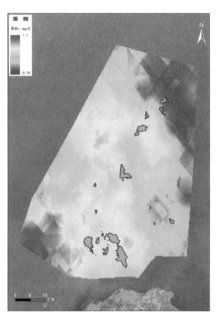

图 3-13　2019 年 6 月调查长岛海域化学需氧量分布图

　　根据四个航次调查数据的空间分布图可以看出，长岛海域化学需氧量的空间差异明显，夏秋季节北高南低，冬春季节北低南高，浓度均满足一类海水水质标准。通过四次调查得到的化学需氧量最值和平均值可以看出，其总体呈下降趋势，表明长岛海域水质优良且不断提升。

　　（4）活性磷酸盐

　　活性磷酸盐是指能被海洋植物同化的无机盐（H_3PO_4，$H_2PO_4^-$，HPO_4^{2-}，PO_4^{3-}）的总和，是三大营养要素（N、P、Si）之一，是海洋生物必不可少的营养元素。海水中磷的含量太低将抑制浮游植物的正常生长，从而妨碍海洋生产力的发展。然而，如果水中磷含量超过一定限度，会刺激藻类生长，引发赤潮。近年来的研究表明，浮游植物过量繁殖与磷酸盐含量之间存在明显的正相关关系。由于磷酸盐来源不如氮广泛，磷的需求对浮游植物来说显得尤为重要。根据 Liebig 最低营养限制定律，水体中浮游植物的生长量受磷的含量限制更为明显，磷污染对水体富营养化影响更大。目前多数情况下，磷被认为是引起富营养化的主要物质。

　　2018年8月调查，海域活性磷酸盐含量变化范围0.0002～0.0506毫克/升，平均0.0076毫克/升，除74号站位符合四类水质标准和76号站位超四类水质标准以外，其余各站位活性磷酸盐质量指数均符合二类海水水质标准；2018年10月调查，海域活性磷酸盐含量变化范围从未检出到0.0657毫克/升，平均0.00837毫克/升，除91号站位超四类水质标准和63号站位符合四类水质标准以外，其余各站位活性磷酸盐质量指数均符合二类海水水质标准；2019年3月调查，海域活性磷酸盐含量变化范围0.00055～0.00961毫克/升，平均0.00458毫克/升，各站位活性磷酸盐质量指数均符合二类海水水质标准；2019年6月调查，海域活性磷酸盐含量变化范围0.00093～0.00880毫克/升，平均0.00381毫克/升，各站位活性磷酸盐质量指数均符合二类海水水质标准。如图3-14～图3-17。

　　根据四个航次调查数据的空间分布图可以看出，长岛海域活性磷酸盐的空间差异明显，夏秋季节除个别站位偏高外，其余海域差异不显著；冬季由西北向东南逐渐降低，春季东西部较高，南北部

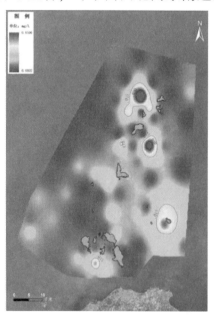

图3-14　2018年8月调查长岛海域活性磷酸盐分布图

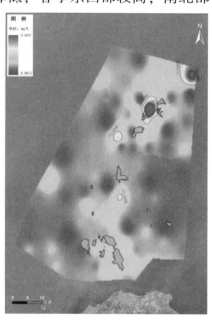

图3-15　2018年10月调查长岛海域活性磷酸盐分布图

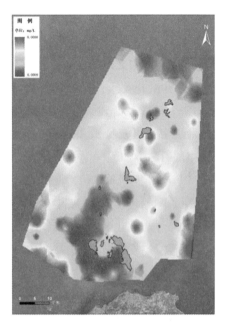

图 3-16　2019 年 3 月调查长岛海域活
性磷酸盐分布图

图 3-17　2019 年 6 月调查长岛 海域
活性磷酸盐分布图

较低。夏秋季节除个别站位浓度超标，其余海域均满足二类海水水
质标准，冬春季节满足一类海水水质标准。通过四次调查得到的化
学需氧量最值和平均值可以看出，其总体呈下降趋势，表明长岛海
域水质优良且不断提升。

（5）无机氮

无机氮是指海水中能被海洋植物同化的 NO_3^-、NO_2^- 和 NH_4^+ 的总
称，简称"三氮"。硝酸盐是氮化合物氧化的最终产物，也是海水中
无机氮主要的存在方式，含量较高；亚硝酸盐是由硝酸盐或氨氮通
过微生物的作用形成的中间产物，很不稳定，含量较低；氨氮是有
机氮（蛋白质和氨基酸）分解的初步产物，海洋环境监测规范中所称
的氨氮为 NH_4-N、NH_3 和 NH_4OH 三者所含氮总和。

2018 年 8 月调查，海域无机氮含量变化范围 0.01499～0.6132
毫克/升，平均 0.1037 毫克/升，除 46 号符合三类标准，68 号和 84
号站位超四类标准以外，其余各站位无机氮质量指数均符合第二类
海水水质标准；2018 年 10 月调查，海域无机氮含量变化范围

0.0176~0.230 毫克/升, 平均 0.101 毫克/升, 各站位无机氮质量指数均符合第二类海水水质标准; 2019 年 3 月调查, 海域无机氮含量变化范围 0.0122 ~ 0.0983 毫克/升, 平均 0.0427 毫克/升, 各站位无机氮质量指数均符合第一类海水水质标准; 2019 年 6 月调查, 海域无机氮含量变化范围 0.0115 ~ 0.0893 毫克/升, 平均 0.0369 毫克/升, 各站位无机氮质量指数均符合第一类海水水质标准。如图 3-18 ~ 图 3-21。

根据四个航次调查数据的空间分布图可以看出, 长岛海域无机氮的空间差异明显, 夏季除东部海域偏高, 其余海域差异不显著, 春秋两季南高北低, 冬季北高南低。夏秋季节除个别站位浓度超标, 其余海域均满足二类海水水质标准, 冬春季节满足一类海水水质标准。通过四次调查得到的无机氮最值和平均值可以看出, 其总体呈下降趋势, 表明长岛海域水质优良且不断提升。

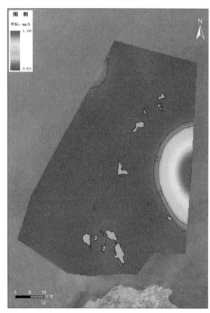

图 3-18　2018 年 8 月调查长岛海域无机氮分布图

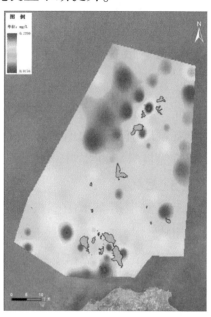

图 3-19　2018 年 10 月调查长岛海域无机氮分布图

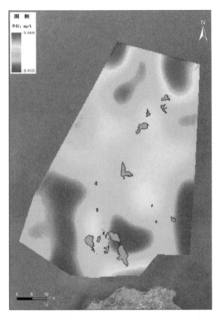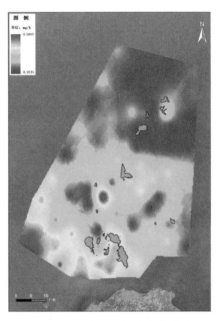

图 3-20 2019 年 3 月调查长岛海域无
机氮分布图

图 3-21 2019 年 6 月调查长岛海域无
机氮分布图

（6）石油类

水中较高浓度的石油类可诱导鱼类体内产生微核，致使海洋生
态系统结构失衡，生物多样性指数减小，生产能力下降。石油类的
长期暴露影响海洋动物的摄食、生长和繁殖，并导致不可逆的组织
损伤。其中致癌性的多环芳烃化合物如 3,4 苯并 α 芘等，可富集在
动物的脂肪内，通过食物链传递，影响水产品的质量，进而对人类
健康构成直接威胁。

2018 年 8 月调查，海域石油类含量变化范围 0.00486～0.0385
毫克/升，平均 0.0188 毫克/升，全部站位石油类质量指数均符合一
类海水水质标准；2018 年 10 月调查，海域石油类含量变化范围
0.00515～0.0484 毫克/升，平均 0.0159 毫克/升，全部站位石油类
质量指数均符合一类海水水质标准；2019 年 3 月调查，海域石油类
含量变化范围 0.0022～0.0295 毫克/升，平均 0.0118 毫克/升，全
部站位石油类质量指数均符合一类海水水质标准；2019 年 6 月调
查，海域石油类含量变化范围 0.0035～0.0242 毫克/升，平均

0.0073 毫克/升，全部站位石油类质量指数均符合一类海水水质标准。如图 3-22~图 3-25。

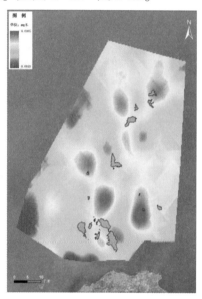

图 3-22　2018 年 8 月调查长岛海域石油类分布图

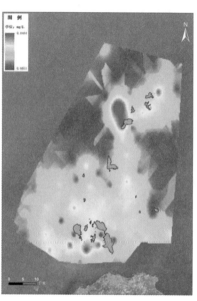

图 3-23　2018 年 10 月调查长岛海域石油类分布图

图 3-24　2019 年 3 月调查长岛海域石油类分布图

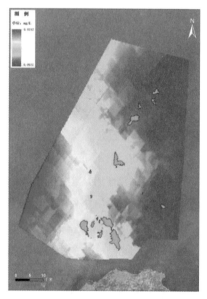

图 3-25　2019 年 6 月调查长岛海域石油类分布图

　　根据四个航次调查数据的空间分布图可以看出，长岛海域石油类含量的空间差异明显，夏季中部海域偏高，秋冬两季南部和中部海域偏高，春季由西南向东北逐渐降低。四次调查所得数据显示长岛海域四季石油类浓度值均满足一类海水水质标准，且根据最值和平均值可以看出，其总体呈下降趋势，表明长岛海域水质优良且不断提升。

　　（7）悬浮物

　　悬浮物可直接或间接地对浮游生物产生影响，如降低水体透光率、营养盐释放率和吸附效率等，直接影响浮游植物的光合作用，降低其初级生产力。悬浮物中一些碎屑和无机固体物质可以妨碍浮游动物对食物的摄取或者稀释肠中的内容物，从而减少对食物的吸收。

　　2018 年 8 月调查，海域悬浮物含量变化范围 0～67.4 毫克/升，平均 15.63 毫克/升；2018 年 10 月调查，海域悬浮物含量变化范围 0.2～316 毫克/升，平均 40.3 毫克/升；2019 年 3 月调查，海域悬浮物含量变化范围 6.2～29.2 毫克/升，平均 12.63 毫克/升；2019 年 6 月调查，海域悬浮物含量变化范围 4.35～17.29 毫克/升，平均 9.89 毫克/升。如图 3-26～图 3-29。

　　根据四个航次调查数据的空间分布图可以看出，长岛海域悬浮物的空间差异明显，夏季东部和北部海域偏高，秋季西部海域偏高，冬季中部及西部的局部海域偏高，春季中部海域偏低，其余海域均偏高。根据四次调查所得数据的最值和平均值可以看出，虽秋季较夏季有所升高，但其总体呈下降趋势，表明长岛海域水质优良且不断提升。

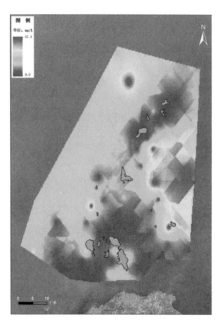

图 3-26　2018 年 8 月调查长岛海域悬浮物分布图

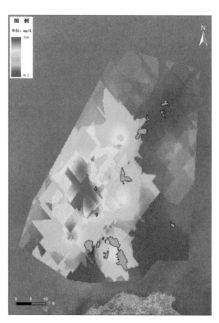

图 3-27　2018 年 10 月调查长岛海域悬浮物分布图

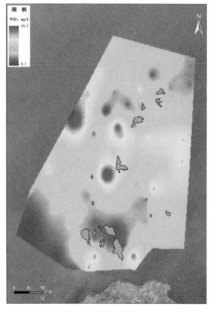

图 3-28　2019 年 3 月调查长岛海域悬浮物分布图

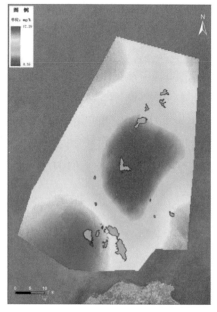

图 3-29　2019 年 6 月调查长岛海域悬浮物分布图

（8）硅酸盐

硅酸盐是指能被海洋植物同化的无机 SiO_3^{2-}，是三大营养要素（N、P、Si）之一，是海洋生物必不可少的营养元素。海水中硅的含量太低将抑制硅藻的正常生长，从而妨碍海洋生产力的发展。然而，如果水中硅含量超过一定限度，会刺激藻类生长，引发赤潮。

2018 年 8 月调查，海域硅酸盐含量变化范围 0.0391 ~ 1.37 毫克/升，平均 0.20 毫克/升；2018 年 10 月调查，海域硅酸盐含量变化范围 0.0259 ~ 0.307 毫克/升，平均 0.166 毫克/升；2019 年 3 月调查，海域硅酸盐含量变化范围 0.0069 ~ 0.0991 毫克/升，平均 0.0586 毫克/升；2019 年 6 月调查，海域硅酸盐含量变化范围 0.076 ~ 0.297 毫克/升，平均 0.178 毫克/升。如图 3-30 ~ 图 3-33。

根据四个航次调查数据的空间分布图可以看出，长岛海域硅酸盐的空间差异明显，夏季东部海域较高，春秋两季南部海域较高，冬季东北部和西南部海域均有多处高值区出现。根据四次调查所得数据的最值和平均值可以看出，虽春季较冬季有所升高，但其总体呈下降趋势，表明长岛海域水质优良且不断提升。

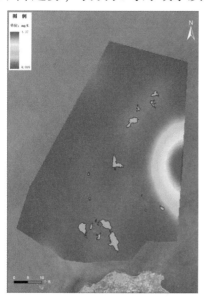

图 3-30　2018 年 8 月调查长岛海域硅酸盐分布图

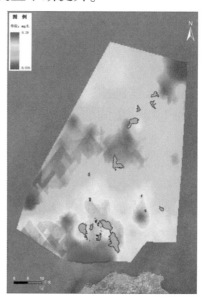

图 3-31　2018 年 10 月调查长岛海域硅酸盐分布图

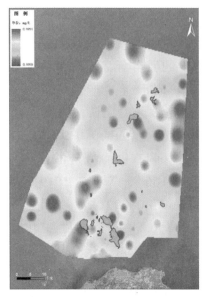 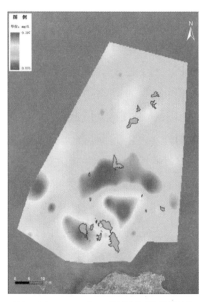

图 3-32　2019 年 3 月调查长岛海域　　　图 3-33　2019 年 6 月调查长岛海域
硅酸盐分布图　　　　　　　　　　　　　硅酸盐分布图

(9) 重金属

海水中的重金属浓度较低,但海洋环境中的重金属来源广,残毒时间长,易于沿食物链转移富集,在环境中迁移性差,残留性强,容易造成污染,具有累积性、食物链传递性和不易降解性,在某些条件下可以转化为毒性更大的金属有机化合物,进而通过人类食用危害人体健康,对水生生物和人体健康构成极大危害,因而重金属的生物富集问题引起广泛关注。

铜。2018 年 8 月调查,长岛海域铜含量变化范围为 0.41~9.44 微克/升,平均 3.00 微克/升。由图 3-34 可知,长岛海域铜的空间分布存在显著差异性,高值区均分布在岛屿或密集养殖区附近,说明其分布与人类活动息息相关,但总体浓度值均较低,全海域水质均满足一类海水水质标准,说明长岛海域水质良好,人类活动未对水质造成显著影响。

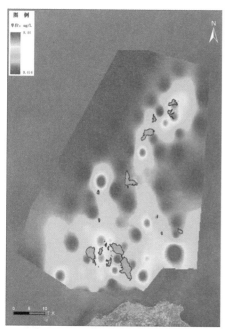

图 3-34　2018 年 8 月调查长岛海域铜含量分布图

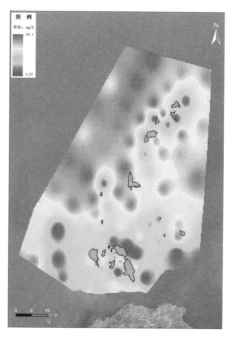

图 3-35　2018 年 8 月调查长岛海域锌含量分布图

　　锌。2018 年 8 月调查，长岛海域锌含量变化范围为 4.07 ~ 28.40 微克/升，平均 18.03 微克/升。由图 3-35 可知，长岛海域锌的空间分布存在显著差异性，高值区主要位于北部、西部和东部海域，岛屿或密集养殖区附近浓度值较低，全海域水质均满足一类海水水质标准，表明长岛海域水质良好。

　　汞。2018 年 8 月调查，长岛海域汞含量变化范围为 0.001 ~ 0.112 微克/升，平均 0.038 微克/升。由图 3-36 可知，长岛海域汞的空间分布存在显著差异性，由西向东逐渐降低，除少数区域水质满足二类海水水质标准，大部分海域水质均满足一类海水水质标准，表明长岛海域水质良好。

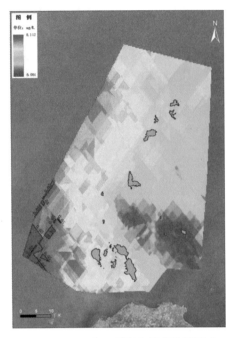

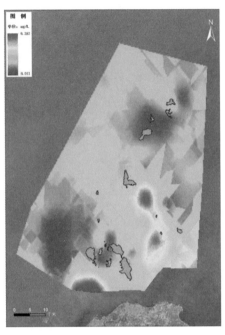

图 3-36　2018 年 8 月调查长岛海域汞含量分布图

图 3-37　2018 年 8 月调查长岛海域镉含量分布图

镉。2018 年 8 月调查，长岛海域镉含量变化范围为 0.011 ~ 0.392 微克/升，平均 0.127 微克/升。由图 3-37 可知，长岛海域镉的空间分布存在显著差异性，高值区主要位于南部海域，其余海域浓度值均较低，全海域水质均满足一类海水水质标准，表明长岛海域水质良好。

铅。2018 年 8 月调查，长岛海域铅含量变化范围为 0.059 ~ 4.790 微克/升，平均 1.465 微克/升。由图 3-38 可知，长岛海域镉的空间分布存在显著差异性，高值区主要位于南部海域以及北隍城岛和南隍城岛附近海域，其余海域浓度值均较低，全海域水质均满足二类海水水质标准，表明长岛海域水质良好。

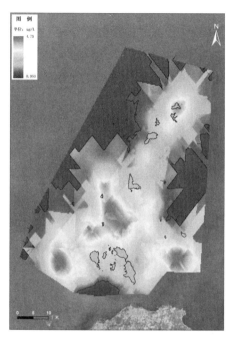

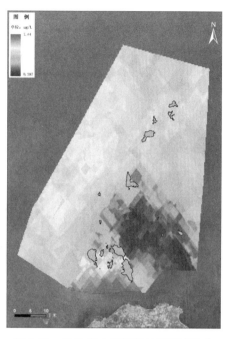

图 3-38　2018 年 8 月调查长岛海域铅含量分布图

图 3-39　2018 年 8 月调查长岛海域砷含量分布图

砷。2018 年 8 月调查，长岛海域砷含量变化范围为 0.597～7.840 微克/升，平均 1.471 微克/升。由图 3-39 可知，长岛海域镉的空间分布存在显著差异性，高值区主要位于南部的庙岛湾海域，其余海域浓度值均较低，全海域水质均满足一类海水水质标准，表明长岛海域水质良好。

铬。2018 年 8 月调查，长岛海域铬含量变化范围为 0.57～3.00 微克/升，平均 1.25 微克/升。由图 3-40 可知，长岛海域铬的空间分布存在显著差异性，由西北向东南方向逐渐升高，全海域水质均满足一类海水水质标准，表明长岛海域水质良好。

3.1.2　沉积物质量

（1）硫化物

本次调查长岛海域沉积物中硫化物含量范围 0.509×10^{-6}～229×10^{-6}，平均 40.0×10^{-6}。由图 3-41 可知，长岛海域沉积物中硫化物的空间分布存在显著差异性，由西向东逐渐降低，各站位沉积物中硫化物质量指数均符合一类海洋沉积物评价标准。

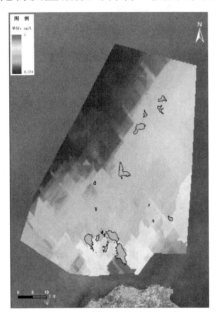
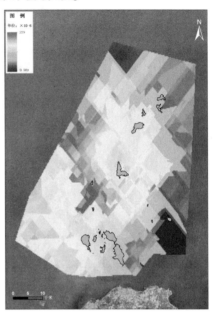

图 3-40　2018 年 8 月调查长岛海域铬
含量分布图

图 3-41　长岛海域沉积物质量调查硫
化物分布图

（2）有机碳

本次调查海域沉积物中有机碳含量范围 0.106% ~ 0.699%，平均 0.350%。由图 3-42 可知，长岛海域沉积物中有机碳的空间分布存在显著差异性，高值区位于砣矶岛北部海域，各站位沉积物中硫化物质量指数均符合一类海洋沉积物评价标准。

（3）石油类

本次调查海域沉积物中石油类含量范围 17.7×10^{-6} ~ 185×10^{-6}，平均 86.3×10^{-6}；调查海域沉积物中有机碳含量范围 0.106% ~ 0.699%，平均 0.350%。由图 3-43 可知，长岛海域沉积物中石油类的空间分布存在显著差异性，由东北向西南逐渐降低，各站位沉积物中硫化物质量指数均符合一类海洋沉积物评价标准。

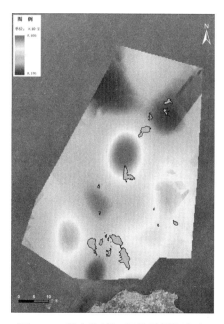

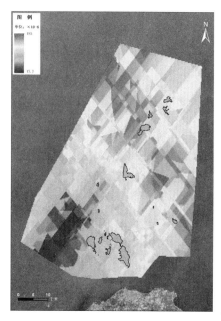

图 3-42　长岛海域沉积物质量调查有机碳分布图

图 3-43　长岛海域沉积物质量调查石油类分布图

（4）总汞

本次调查海域沉积物中总汞含量范围 $0.0142×10^{-6} \sim 0.0529×10^{-6}$，平均 $0.0222×10^{-6}$。由图 3-44 可知，长岛海域沉积物中总汞的空间分布存在显著差异性，由东北向西南逐渐降低，各站位沉积物中总汞质量指数均符合一类海洋沉积物评价标准。

（5）镉

本次调查海域沉积物中镉含量范围 $0.0908×10^{-6} \sim 0.494×10^{-6}$，平均 $0.157×10^{-6}$。由图 3-45 可知，长岛海域沉积物中镉的空间分布存在显著差异性，高值区主要位于大黑山岛以北及砣矶岛以东海域，各站位沉积物中镉质量指数均符合一类海洋沉积物评价标准。

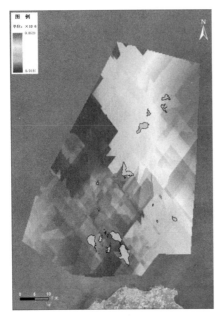

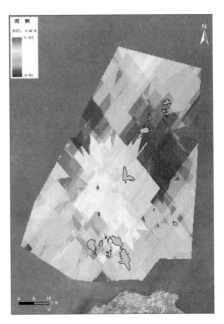

图 3-44　长岛海域沉积物质量调查总
汞分布图

图 3-45　长岛海域沉积物质量调查镉
分布图

（6）铅

本次调查海域沉积物中铅含量范围 $8.20 \times 10^{-6} \sim 37.8 \times 10^{-6}$，平均 12.5×10^{-6}。由图 3-46 可知，长岛海域沉积物中铅的空间分布存在显著差异性，高值区主要位于大竹山岛东北部海域以及高山岛西北海域，各站位沉积物中铅质量指数均符合一类海洋沉积物评价标准。

（7）砷

本次调查海域沉积物中砷含量范围 $5.61 \times 10^{-6} \sim 19.6 \times 10^{-6}$，平均 13.1×10^{-6}。由图 3-47 可知，长岛海域沉积物中砷的空间分布存在显著差异性，高值区主要位于北部、西南部、北长山岛东北部以及大黑山岛南部海域，各站位沉积物中砷质量指数均符合一类海洋沉积物评价标准。

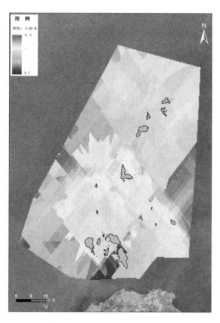

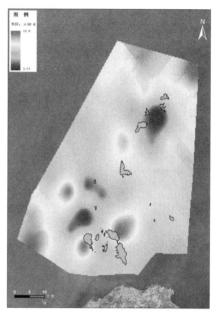

图 3-46　长岛海域沉积物质量调查铅分布图

图 3-47　长岛海域沉积物质量调查砷分布图

（8）铜

本次调查海域沉积物中铜含量范围 $10.9×10^{-6}$ ～ $32.5×10^{-6}$，平均 $16.8×10^{-6}$。由图 3-48 可知，长岛海域沉积物中铜的空间分布存在显著差异性，高值区位于猴矶岛和高山岛附近海域，其余海域较低，各站位沉积物中铜质量指数均符合一类海洋沉积物评价标准。

（9）锌

本次调查海域沉积物中锌含量范围 $30.5×10^{-6}$ ～ $131×10^{-6}$，平均 $41.0×10^{-6}$。由图 3-49 可知，长岛海域沉积物中锌的空间分布存在显著差异性，高值区位于猴矶岛和高山岛附近海域，其余海域较低，各站位沉积物中锌质量指数均符合一类海洋沉积物评价标准。

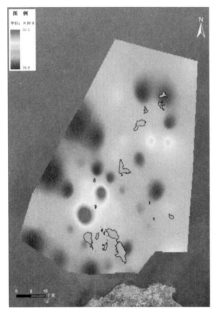

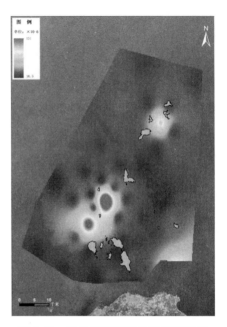

图 3-48　长岛海域沉积物质量调查铜
分布图

图 3-49　长岛海域沉积物质量调查锌
分布图

（10）铬

本次调查海域沉积物中铬含量范围 $3.31×10^{-6} \sim 48.8×10^{-6}$，平均 $36.0×10^{-6}$。由图 3-50 可知，长岛海域沉积物中铬的空间分布存在显著差异性，高值区位于西部和南部海域，各站位沉积物中铬质量指数均符合一类海洋沉积物评价标准。

（11）沉积物粒度

本次调查海域沉积物以粉砂、砂质粉砂为主。沉积物粒度站与站之间差距不大。

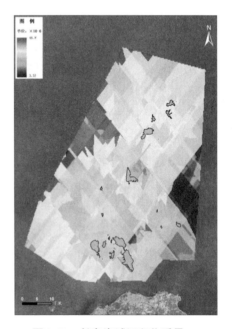

图 3-50　长岛海域沉积物质量
调查铬分布图

3.1.3　总体评价

2018 年长岛海域海水水质调查结果表明，除磷酸盐个别站位超标，其余各监测指标均符合《海水水质标准》（GB3097—1997）中的二类海水水质标准，其中，pH、化学需氧量、石油类均满足一类海水水质标准，总体水质状况优良。

2018 年长岛海域沉积物质量调查结果表明，各项指标均满足《海洋沉积物质量》（GB18668—2002）中的一类标准，说明长岛海域沉积物质量优良。

3.2　大气环境质量

长岛综合试验区环境空气监测实行 24 小时连续监测，监测点位于北长山大头山，监测项目包括二氧化硫、二氧化氮、可吸入颗粒物（PM_{10}）、可吸入肺颗粒物、一氧化碳和臭氧。2019 年，共取得各类监测数据 5116 个，其中，二氧化硫、二氧化氮年均值及一氧化碳日均值第 95 百分位数符合 GB3095—2012 国家一级标准；臭氧日最大 8 小时平均值及可吸入颗粒物、可吸入肺颗粒物年均值符合 GB3095—2012 国家二级标准。

2019 年，共采集降水样品 23 个，未出现酸雨。水酸碱度（pH值）测值范围在 6.54~7.32，年均值为 6.90。

总体来看，长岛综合试验区大气环境质量符合国家二级标准，属清洁级。

3.3　直排海污染源

长岛综合试验区直排海污染源为长岛污水处理厂，直排海污染源监测分析为每个季度监测一次，监测项目按照《城镇污水处理厂污染物排放标准》（GB18918—2002）的要求确定一级 A 标准，监测项目包括酸碱度、生化需氧量、总磷、化学需氧量、色度（稀释倍数）、总汞、总镉、总铬、六价铬、总砷、总铅、悬浮物、阴离子表面活性剂、粪大肠菌群数、氨氮、总氮、石油类、动植物油、烷基汞、氰化物、硫化物、总镍、总铜、总锌、挥发酚、苯胺类。

2019 年度，长岛综合试验区直排海污染源监测结果良好，无超标数据出现，满足《城镇污水处理厂污染物排放标准》（GB18918—2002）的要求确定一级 A 标准。

3.4　生物资源

（1）陆生植物资源

长岛陆生植被可划分为针叶林、落叶阔叶林、针阔混交林、疏林、灌丛、灌草丛、草甸、盐生和沙生植被等 8 种植被型组，黑松林、侧柏林、刺槐林、麻栎林、火炬树林、果树林、黑松-刺槐-麻栎-蒙古栎林混交林、黑松疏林、荆条灌丛、柽柳灌丛、紫穗槐灌丛、荆条-酸枣-菅草灌草丛、披针叶薹草草甸、盐地碱蓬-碱蓬群落和沙钻薹草-沙引草群落等 15 个主要群系。

长岛分布有维管植物 123 科 484 属 1013 种（包含种下等级）。其中蕨类植物 11 科 13 属 18 种；裸子植物 5 科 9 属 14 种；被子植物 107 科 462 属 981 种，其中双子叶植物 92 科 372 属 806 种，单子叶植物 15 科 90 属 175 种。

根据《国家重点保护野生植物名录（第一批）》*，不计栽培植物，长岛野生维管植物有 3 种国家二级重点保护野生植物，分别是中华结缕草 Zoysia sinica Hance、野大豆 Glycine soja Sieb. et Zucc. 和珊瑚菜 Glehnia littoralis F. Schmidt ex Miq。

（2）陆生动物资源

长岛的陆生动物在地理区划上属于古北界华北区黄淮平原亚区山东半岛省与东北区长白山地亚区辽东半岛省的交汇地带。鸟类以广布种和古北界种为主，也有东洋界成分，带有明显的两界过渡特征。陆生脊椎动物分布型复杂多样，共有 13 个分布型，各类型所含物种数由高到低依次为古北型、东北型、全北型、东洋型、不易归类型、南中国型、季风区型、东北—华北型、中亚型、东北型、喜马拉雅—横断山区型、华北型、高地型。长岛陆生脊椎动物区系成分以古北型为主，其次为东北型（东北地区或附近地区）和全北型，喜马拉雅—横断山型、高地型和南中国型华北型种类最少，此外，

---

　* 2021 年 8 月 7 日公布了新的名录。

分布广泛难以确定的种类较多，总体上呈现以北方种类为主、各类型物种混杂的局面。

长岛陆生脊椎动物共计 366 种，隶属于 29 目 83 科 193 属，其中：哺乳纲 5 目 6 科 8 属 8 种、鸟纲 21 目 70 科 175 属 346 种、爬行纲 2 目 4 科 6 属 7 种、两栖纲 1 目 3 科 4 属 5 种。

长岛有国家重点保护鸟类 59 种，隶属于 14 目 19 科 35 属，国家保护鸟类占长岛鸟类总数的 17.05%。国家一级保护鸟类 9 种，即中华秋沙鸭 Mergus squamatus、大鸨 Otis tarda、白鹤 Grus leucogeranus、丹顶鹤 Grus japonensis、短尾信天翁 Phoebastria albatrus、黑鹳 Ciconia nigra、白肩雕 Aquila heliaca、金雕 Aquila chrysaetos、白尾海雕 Haliaeetus albicilla。国家二级保护鸟类 50 种，包括白额雁 Anser albifrons、疣鼻天鹅 Cygnus olor、小天鹅 Cygnus columbianus、大天鹅 Cygnus cygnus、鸳鸯 Aix galericulata、角䴙䴘 Podiceps auritus 等。长岛有国家"三有"动物（国家保护的有益的或者有重要经济、科学研究价值的陆生野生动物）物种 222 种，占长岛鸟类总种数的 64.16%。

长岛有《濒危野生动植物国际贸易公约》（CITES）附录物种 47 种，占长岛鸟类种数的 13.58%。CITES 附录 I 物种 7 种，CITES 附录 II 物种 40 种。长岛有中日候鸟保护协定物种 159 种，占长岛鸟类总种数的 45.95%。长岛有中澳候鸟保护协定物种 44 种，占长岛鸟类总种数的 12.72%。

（3）海洋基础生物资源

长岛海域记录到浮游植物 128 种。硅藻占绝对优势。四个季节浮游植物细胞数量介于 $0.007 \times 10^6 \sim 26.677 \times 10^6$ 个/立方米，平均 34.474×10^4 个/立方米。春、夏、秋三季浮游植物高值区主要位于长岛南部庙岛湾及其附近海域。长岛浮游植物物种多样性指数在 $0.248 \sim 3.93$，平均值为 2.269。2019 年 6 月的浮游植物物种多样性指数平均值为 1.307，比平均值低 0.962。四季浮游植物物种多样性指数高值区主要位于长岛中部砣矶岛及其附近海域。

长岛海域记录到浮游动物 118 种。四个季节大型浮游动物细胞数量介于 $0.03 \sim 27.20 \times 10^2$ 个/立方米，平均 1.22×10^2 个/立方米；

小型浮游动物细胞数量介于 $1.19 \sim 771.17 \times 10^2$ 个／立方米，平均值为 79.91×10^2 个／立方米。春、秋、冬三季大型浮游动物高值区主要位于庙岛湾及其附近海域；夏、冬、秋三季小型浮游动物高值区主要位于长岛北部小钦岛、南隍城岛和北隍城岛附近海域。

长岛海域大型浮游动物物种多样性指数在 $0.058 \sim 3.670$，平均值为 1.431。2019 年 6 月的大型浮游动物物种多样性指数平均值为 0.429，比平均值低 1.002。长岛海域小型浮游动物物种多样性指数在 $0.275 \sim 3.199$，平均值为 2.022。2019 年 6 月的小型浮游动物物种多样性指数平均值为 1.618，比平均值低 0.404。春、冬两季大型浮游动物物种多样性指数高值区主要位于长岛南部南、北长山岛附近海域和南长山岛南部海域，夏秋两季大型浮游动物物种多样性指数高值区主要位长岛北部海域；春、夏、秋三季小型浮游动物物种多样性高值区主要位于长岛北部大、小钦岛和南、北隍城岛附近海域。

长岛海域记录到底栖生物共 238 种。底栖生物细胞数量介于 $1 \sim 3.44 \times 10^2$ 个／平方米，平均 8.91 个／平方米。春、夏、冬三季底栖生物高值区主要位于长岛北部南、北隍城岛附近海域。长岛海域底栖生物物种多样性指数在 $1.412 \sim 4.724$，平均值为 3.451。2019 年 6 月的底栖生物物种多样性指数平均值为 3.262，比平均值低 0.189。春、夏、秋三季底栖生物物种多样性指数高值区主要位于长岛北部砣矶岛北部海域。

(4) 海洋渔业资源

长岛海域记录到渔业资源 74 种。以鱼类为主，甲壳类次之，头足类最少。长岛渔业资源夏季优势种有 6 种，为矛尾虾虎鱼、三疣梭子蟹、枪乌贼、赤鼻棱鳀、鳀、口虾蛄；重要种有 8 种，依次为日本鼓虾、青鳞小沙丁鱼、黄鲫、葛氏长臂虾、白姑鱼、斑鰶、鲬、鹰爪虾；秋季优势种有 7 种，为日本鼓虾、口虾蛄、短蛸、六丝钝尾虾虎鱼、鹰爪虾、矛尾虾虎鱼、长蛸；重要种有 9 种，依次为鲜明鼓虾、枪乌贼、绯䲅、赤鼻棱鳀、葛氏长臂虾、黄鮟鱇、中颌棱鳀、黄鲫、普氏缰虾虎鱼。春季调查优势种有 3 种，为日本鼓虾、口虾蛄、日本褐虾；重要种有 9 种，依次为短蛸、鲜明鼓虾、黄鮟鱇、六丝钝尾虾虎鱼、绵鳚、黄鲫、斑鰶和长蛸。长岛渔业资源平均物种多样性指数范围为 1.666~2.138；平均均匀度指数范围为 0.542~0.713；平均丰富度指数范围为 2.333~2.491。根据扫海面积法计算，长岛海域渔业资源尾数密度和重量密度均值的范围分别为 203.51~1200.14×10³ 个/平方公里和 601.64~4487.86 千克/平方公里，夏季最高。

第4章 生态文明建设 SWOT 分析

4.1 优势分析(S-Strengths)

4.1.1 区位优势明显

地理区位：长岛综合试验区地处胶东半岛和辽东半岛之间、黄海和渤海两大生态系统过渡带，南倚蓬莱，北邻旅顺，西守京津，东望日韩，整个群岛纵列于渤海海峡，南北长 72 公里，东西宽 30.8 公里，约占渤海海峡宽度的 3/5。是京津冀和环渤海地区大宗物流进出渤海必经的交通要道，也是守护首都安全的海上军事要塞，战略位置十分突出。

生态区位：长岛拥有 151 个岛礁及海域，岛陆面积 59.3 平方公里，海域面积 3242.7 平方公里，是我国温带海洋生态地理区最典型的海洋和海岛生态系统，生物多样性异常丰富，海陆空都有国家级和国际重点保护生物。长岛是东亚—澳大利西亚鸟类迁徙路线的关键旅站。每年有 200 万~300 万只鸟类途径长山列岛，包括丹顶鹤、东方白鹳、白尾海雕等 66 种国家重点保护鸟类，庙岛蝮、西太平洋斑海豹、东亚江豚等国家二级保护动物，野大豆等国家二级保护植物，皱纹盘鲍、光棘球海胆等水产种质资源，长岛海域还是中国对虾、蓝点马鲛等 10 多种重要经济鱼虾的渤黄海洄游通道上的关键节点。长岛共设立了国家级和省级各类自然保护地 9 个，正在谋划整合创建长岛国家公园，实现高水平保护，构建首都圈的海上生态安全屏障。

4.1.2 产业优势独特

渔业：渔业是长岛的核心支柱产业，渔业产值占全区生产总值的 2/3。主要养殖品种是扇贝、海带、海参、鲍鱼、海胆、许氏平鲕。长岛大力推进离岸、深水、立体的生态养殖模式，具备人工鱼礁、智能网箱、管理平台和监测信息化系统的现代海洋牧场已粗具规模，国内首座 5G+全景海洋牧场"长渔一号"深远海智能化网箱平台、国内首座坐底式深远海智能化网箱"长鲸一号"以及省内首座半潜式深远海智能化网箱"佳益 178"均已正式投用，目前累计获批 4 处国家级海洋牧场、6 处省级海洋牧场，开发生态海洋牧场 27.1 万亩*，规模用海、装备兴海格局逐渐形成。注重与科研院所密切合作，致力推广养殖的新品种、新技术、新模式，加快传统养殖模式向科技引领转化。借鉴浙江丽水经验，打造"长岛海珍"区域公用品牌，进一步提升长岛生态产品价值。大力发展休闲渔业，通过启用休闲渔业出海口，新建海钓船以及新增省级休闲海钓钓场，推动休闲渔业快速融入旅游板块。

旅游业：旅游业占长岛总产值的 1/3 左右。长岛正在打造从观光游向度假游、生态旅游的产业内涵提升，大力推进渔业+文化+康养+旅游四者融合发展。在提升接待能力和接待质量的基础上，大力拓展旅游产品，提供游客深度体验。长岛立足辖区内众多自然原始、未经任何加工的、绿色、健康、安全的旅游胜地，全力做精特色旅游，精心打造海岸休闲组团、海上环游组团、渔家风情组团、文化体育组团，全线运营了南北长山环岛旅游慢行服务系统，建成了"一部手机游长岛"智慧平台，连续举办了全国海钓锦标赛、环岛马拉松、海岛音乐节、海鲜节等文体赛事。一批高端民宿和渔家风情园相继投用，大力推进并积极推动"渔家乐·民宿"提质升级，改变单打独斗、低端竞争局面。同时，强化夜间经济带动作用，高品质打造万泰"渔号之夜"和林海"长岛梦境"等夜游项目建设，形成以文化演艺、夜游研学、味蕾体验为主要形式的夜间经济聚集区和文旅融合先行区。

4.1.3　自然环境优越

自然环境：长岛生态环境优良，自然风光秀美、天蓝海碧、林秀崖险，奇礁异石林立，冬暖夏凉，气候舒适宜人，年均降水量

---

　*　1 亩＝666.7 平方米。

545 毫米，年平均气温 11.9℃，夏季平均气温 24℃，大气环境质量达到国家二级标准，空气中每立方厘米负氧离子含量高达 2 万个，森林覆盖率 60%，素有"海上仙山""避暑胜地""天然氧吧"之称，对区际生态系统也发挥着重要调节功能和涵养作用。长岛独特的海洋生态系统，是渤海最重要的生态屏障，被誉为"海上聚宝盆"和"海洋环境的晴雨表"，其海水水质和沉积物质量优良，绝大部分海域可达国家一级标准。大叶藻、海萝等藻类重现长岛，白江豚、鲸鱼等成群现身，东方白鹳、黄嘴白鹭、苍鹰等迁徙鸟类数量明显多于以前。

城乡环境：针对城区周边山体利用喷播技术见缝插绿，绿化造林，以绿化提升城区景观。全面落实建筑扬尘"六个百分之百"、道路保洁等长效管控机制，建筑工地和道路施工工地全部落实降尘措施，大气质量稳定在国家二级标准。推进垃圾污水处理设施建设，全面启动城区 12 个污水处理设施升级改造，有序推进垃圾分类处理，全面实现垃圾 100% 无害化处理和全域生活污水达标排放。美丽乡村标准化建设持续推进，打造出"丹青小钦""如画大黑山"等一岛一品特色文化品牌。

4.1.4　人民生活舒适

长岛政府始终坚持以人民为中心的发展导向，瞄准基础设施建设和民生保障事业，致力于不断提升群众满意度和获得感。长岛港交通综合服务体升级，城乡路网提升，海滨路建筑风貌修缮；供水供电保障不断提升；教育医疗稳步向好，留人环境持续改善；为民实事全部落实的同时优化服务，远离城区的岛屿在商事登记、市场准入、社会事务办理等方面实现"办证不出岛"；南海岸区片整体打造完成，进一步突出海岛特色、彰显海岛文化。总体来看，长岛居民生活条件持续改善，幸福指数不断上升，群众笑容越发灿烂。

4.1.5　历史文化悠久

长岛历史文化悠久，因其地理区位和资源禀赋衍生出的独特渔俗文化，在中国北方具有较强代表性，拥有"长岛渔号"国家级以及 24 处省市县级非物质文化遗产。距今 6500 多年的北庄史前遗址是中国渔猎文明的代表，被考古学家称为"东半坡文化遗址"，与西安半坡遗址有同等历史价值。距今 896 年的庙岛显应宫是我国北方最古老、最具影响的妈祖官庙，与福建湄洲妈祖庙并称为"南北祖庭"，是国台办命名的"中国北方妈祖文化中心""海峡两岸妈祖文化交流基地"。

4.2　劣势分析（W-Weaknesses）

4.2.1　土地空间有限

长岛岛陆总面积只有 59.3 平方公里，分散在 151 个海岛上，相当分散，其中很大一部分被划入自然保护地，可开发的土地空间很少。长岛城区建设用地指标已经满足不了发展需求，同时建设用地集约利用程度仍然较低，城镇用地内部结构和布局不尽合理，建筑密度与容积率低，存在浪费土地现象。农村居民点用地数量大，布局分散，居住环境差。同时，由于长岛地理位置特殊，裸露岩石较多，土地利用以生态保护林为主，耕地后备资源贫乏的问题没有得到有效解决。

4.2.2　保护与发展尚存矛盾

长岛产业总体上属于以生物资源和生态环境的消耗为基础的供给服务利用类型，渔业占比过高；养殖面积较大，占比过高，违规养殖和捕捞现象普遍存在，开放式养殖用海超过长岛已确权渔业用海面积的 99%，生产效率较低，属于粗放型生产方式，海洋产业发展层次较低。无居民海岛资源的开发普遍缺少科学统一规划，整体布局不够合理，开发利用方式粗放，项目单一，大多数都只是单纯发展传统养殖业和观光旅游业，以资源利用型为主，科技含量不高，深度挖掘不够。养殖活动主要集中在岛体周边，离岸、深水空间利用不足。

生态空间与生产空间重叠较多，存在较大冲突。自然保护地内普遍存在不仅由原住渔民的生产活动，还有外来公司的经营性生产活动。部分海岛因围海养殖、乱围乱垦乱晒等，导致岛体地形地貌发生改变，土地盐碱化，生态系统和自然景观遭到破坏，生态系统服务功能降低。长岛辖区内拥有多达 9 个自然保护地，包括 7 个国家级和 2 个省级自然保护地，虽然在近期开展的自然保护地整合优化工作中，针对保护地的区域做出了调整，但仍有相当一部分养殖区和旅游区位于整合优化后的保护地范围内。为更好地保护海洋生态环境和资源，根据最新的管控要求，保护地范围内的养殖区将面临逐步退出或降低养殖规模和强度。陆海统筹视域下如何科学有序进行资源开发、产业发展的规划布局，以及如何与陆海生态环境保护协调统一，仍需要进一步研究。

4.2.3　交通不便

海上航运是长岛居民出岛及外来游客进岛的主要途径，但极易受大风、大雾等恶劣天气影响导致停航，尤其是长岛北部区域，极端天气出现的频次更高。蓬长航线每年全天停航 15 天左右，北五岛和西三岛每年全天停航天数可达 80 余天。长岛交通稳定性低，服务水平和基础设施也有待提升，客船、客货滚装船和游船的卫生水平差，缺少行李随船托运服务，港区内外道路不平整，步行不友好，车船换乘路线远，游客出行体验差，对有老人、小孩的家庭增加了出游难度；同时，长岛目前现存的 20 处人工渔港，绝大部分为 20 世纪七八十年代修建，标准低、规模小，亟待升级改造。

4.2.4　生态文化培育存在不足

生态文化建设是一项长期的系统工程，既包括物质文明方面发展生态产业、构建生态工程，也包括精神文明方面建设生态文化体制，如开展生态教育，倡导生态伦理和生态行为。目前，长岛生态文化建设相对滞后，在具体实践工作中只注重对公众的生态宣传教育，一定程度上忽视了生态产业发展和生态体制建设，未能做到从物态、行为、制度以及精神四个层面全面系统推进生态文化建设，难以有效发挥生态文化对市民行为的导向和激励作用，使得建设成效不大、持续性不强。

长岛大部分群众对建设生态文明的战略目标高度认同，但仍具有较强的"政府依赖"性。部分企业环保责任意识不强，在市场竞争中只关注如何降低成本，对于提高能源的使用效率、减少对资源的掠夺式利用、提高产品附加值等没有深刻的认识。市民传统的社会生活方式和消费观念尚未根本转变，节水、节能、绿色消费、绿色出行等还没有真正成为人们自觉行为。

4.2.5　体制机制有待完善

行政管理体制改革后，将原来由海洋部门相对集中统一的海洋管理职能分解到自然资源、生态环境、保护区管理中心、海洋公园管理中心、海洋经济促进中心等部门。在此情况下，面临如何实现原有数据、资料、经验等软硬基础条件的转移和交接的现实问题，即使建立更高层面的海洋治理统筹协调机构，还存在如何创新议事决策机制应对日趋复杂和繁琐的海洋事务的挑战，而且目前生态环境管理力量薄弱，人员不足且人才队伍不稳定，难以吸引高素质人才参与生态环境管理工作。自然资源资产负债表、自然资源资产离任审计制度等生态文明制度尚待进一步落实。

长岛辖区内虽拥有众多保护地，但在范围和管理上存在严重的交叉重叠，且半数以上存在严重的管理问题。尤其是涉海自然保护地，因海域面积广阔且有别于陆地，使得涉海自然保护地管控力度偏小，一些自然保护地由于监督管理不到位，未形成对自然保护地的有效监管机制；自然保护地督察制度和督察体系不完善，缺少海洋生态修复和生态补偿等维护受损海洋生态工作的后续督察和反馈机制，导致保护地生态环境破坏问题突出。

4.3　机遇分析（O-Opportunities）

4.3.1　中央政策引领

党的十八大提出了"五位一体"的中国特色社会主义事业建设总布局，突出强调了生态文明建设，将其列为中国全面建成小康社会任务的重要组成部分，环境保护战略地位进一步凸显。环境保护责任考核、"湾长制"和"山长制"考核全面展开，环境保护纳入绩效考核重要内容，生态文明建设推进力度前所未有。习近平总书记在党的十九大报告中指出，建设生态文明是中华民族永续发展的千年大计，必须树立和践行绿水青山就是金山银山的理念。中共中央、国务院《关于加快推进生态文明建设的意见》提出，要加大自然生态系统和环境保护力度，大力推进绿色发展、循环发展、低碳发展。在参加十三届全国人大一次会议山东代表团审议时，习近平总书记要求山东充分发挥自身优势，努力在发展海洋经济上走在前列，加快建设世界一流的海洋港口、完善的现代海洋产业体系、绿色可持续的海洋生态环境，为海洋强国建设作出山东贡献。山东省第十一次党代会强调，让良好生活环境成为人民生活的增长点，成为经济社会持续发展的支撑点。习近平总书记视察山东视察烟台指示要求，紧紧围绕推进长岛海洋生态保护和持续发展这一主线，以更高的标准，更实的举措，更硬的作风，持续发力生态保育、基础支撑、绿色发展、改革创新、民生事业，奋力推动长岛海洋生态文明综合试验区建设实现新突破。

4.3.2　省市政府重视

2017 年以来，山东省和烟台市各级领导高度重视长岛保护发展，先后出台《推进长岛海洋生态保护和持续发展的若干意见》《长岛海洋生态文明综合试验区建设实施规划》《长岛海洋生态保护条例》；省政府批复设立长岛海洋生态文明综合试验区，建设"生态文明特区"；省发改委设立长岛海洋生态保护和持续发展联席会议；烟台市成立长岛工作专班集，将长岛综合试验区建设作为"三重"工作的重中之重，按照"市级支持力度不能低于省级"的标准全力推动各项工作落实落地。省市两级目光始终聚焦长岛，上下联动施策、倾心用力支持，重大会议活动高层多次赞誉推介长岛，形成了推进长岛生态文明建设的强大合力。

4.3.3　纳入国家公园布局

2019 年中央印发《关于建立以国家公园为主体的自然保护地体系的指导意见》，明确指出要建立分类科学、布局合理、保护有力、管理有效的以国家公园为主体的自然保护地体系，确保重要自然生态系统、自然遗迹、自然景观和生物多样性得到系统性保护，提升生态产品供给能力，维护国家生态安全，为建立美丽中国、实现中华民族永续发展提供生态支撑。

长岛已经被纳入全国国家公园布局，并列入国家公园发展规划"十四五"期间创建名单。长岛管委会已经委托技术单位完成了长岛国家公园科考报告、设立方案、社会经济影响评估等报告的编写，符合国家公园创建的基本条件。利用创建长岛国家公园的机会，完成长岛保护地管理体制的整合，设立陆海统筹的、高水平、高效率的生态保护管理机制，完成自然保护地勘界立标、自然资源资产确权登记、分区差别化管控、高效率科研监测、巡护执法、自然教育、游憩保护管理体系。

4.3.4　区域协同需求

长岛行政区划撤销后，长岛综合试验区依然保留高度独立的特殊功能区管理模式，为长岛生态文明建设提供了更高的平台。长岛的生态文明发展离不开与蓬莱的区域协作，以及与烟台市乃至渤海口周边城市的区域协调，尤其是与蓬莱的协作发展，蓬莱、长岛协作发展区将成为烟台空间发展战略的新亮点，打造烟台未来新的发展极。其中，长岛在海洋生态文明建设中的示范作用将成为蓬长合作的重要方面。

4.3.5　环保意识要求

习近平生态文明思想为推进美丽中国建设、实现人与自然和谐共生的现代化提供了方向指引和根本遵循，"绿水青山就是金山银山"已成为各级党政领导干部的共识，全社会保护生态环境的合力正在形成，环境保护群众基础日益牢固，在自觉保护环境，减少资源浪费，日常餐饮中开展"光盘行动"，公众开始主动充当社会监督角色。企业环境保护意识增强，政府环保投入力度加大，进入全民参与环境保护的时期，为解决复杂环境问题创造了有利条件。

4.4　威胁分析(T-threats)

4.4.1　自然灾害多发，生态脆弱

长岛自然灾害较多。夏季和冬季多发大风、风暴潮、涌浪、海浪、干旱等灾害，对居民生产和生活造成人身和财产损害。黄河入海口流入淡水过大，加上夏季高温和降水，时常导致庙岛湾和南五岛养殖扇贝大面积死亡。长岛土层较薄，植被稀疏，保土保水能力差；植被物种单一，南部岛屿松材线虫病和北部岛屿松树枯枝病持续发生，导致大量黑松死亡。部分山体裸露，海岸崩塌，水土流失，海水入侵，井水盐化。海岛生态脆弱，生态修复难度大。

4.4.2　溢油污染时有发生，存在生态风险

长岛处于全国溢油和化学品泄漏的中高风险区，海洋生态环境

长期面临严重风险。三条国际航运水道通过长岛海域，每年过往船只多，渤海油田平台和管线多，海上过往船只排放含油废水、渤海石油作业平台和管线跑冒滴漏溢油时有发生，导致长岛部分岛屿的海滩、养殖网箱沾污原油油块，不仅严重影响海水和沉积物质量，而且损害海鸟和海洋珍稀濒危生物的生存，降低海洋景观价值，还威胁着水产品安全以及居民游客的身心健康。无主溢油污染是对长岛生态文明建设的长期外来威胁，需要统筹全渤海油气生产污染防控才能解决。

4.5　路径选择

基于以上对长岛生态文明建设现状的 SWOT 分析，构建出长岛生态文明建设的 SWOT 分析矩阵如表 4-1 所示。

面向打造生态文明的海洋样板的目标，长岛自身生态环境和产业发展相协调的优势突出，选择向海发展和绿色发展模式可以减轻发展空间和基础设施薄弱的制约，通过中央、省、市、区的生态文明政策以及中央、省、市、区四级联动协作机制可以有效应对溢油和自然灾害风险。

表 4-1　长岛生态文明建设 SWOT 分析矩阵表

S–Strengths	W–Weaknesses
区位优势明显	土地空间有限
产业优势独特	保护与发展存在矛盾
自然环境优越	交通不便
人民生活舒适	体制机制有待完善
历史文化悠久	
O–Opportunities	T–Threats
中央政策引领	自然灾害频繁
省市政府重视	溢油污染频发
国家公园布局	
区域协同需求	
环保意识要求	

第5章 指导思想、规划目标和指标体系

5.1 指导思想

以习近平生态文明思想为指导，以十九届四中全会关于生态文明最新理念为方针，紧紧围绕"五位一体"总体布局、"四个全面"战略布局，坚持新发展理念，牢固树立绿水青山就是金山银山的战略思想，实施绿色发展战略，以建设美丽长岛为目标，以正确处理人与自然关系为核心，以提高人民生活质量为根本，以促进传统经济与社会的生态转型为导向，以节约和集约利用资源、保护和改善生态环境、构建生态环境安全体系为重点，努力将长岛海洋生态文明综合试验区打造为绿色发展引领的国家生态文明建设示范区。

5.2 基本原则

5.2.1 目标导向与问题导向相结合的原则

既从实现全面建成国家生态文明建设示范区的目标倒推，厘清时间节点必须完成的任务，又从迫切需要解决的问题顺推，明确破解难题的途径和方法。将"倒推"与"顺推"相结合，制定既具战略指导意义，又具较强操作性的规划措施。

5.2.2 生态优先与绿色发展相结合的原则

在国土空间优化、社会经济发展等方面均要体现生态优先的理念，用地规划、人口布局优化、产业发展规划均不能与生态保护相冲突，同时要注重区域发展的生态效益，以绿色发展的理念统领全局。

5.2.3 突出重点和全面推进相结合的原则

以生态环境部印发的《国家生态文明建设示范县、市指标（试

行)》中的示范县指标作为规划考核指标,重点针对长岛海洋生态文明综合试验区仍未达标的指标提出相应规划措施,对于已达标的指标也制定相应提升措施,全面提升区域生态文明建设水平。

5.2.4　标准化与特色化相结合的原则

坚持标准化与特色化相结合,编制既满足国家生态文明建设示范县主要指标要求,又符合长岛海洋生态文明综合试验区自然资源及社会经济现状,突出体现长岛独特生态资源禀赋的生态文明建设规划。

5.2.5　政府主导与全民行动相结合的原则

以政府部门为主导,统筹辖区内相关资源,调动企业、社会组织和个人的积极性及创造性,充分发挥公众在生态文明示范县建设中的主体作用,鼓励与支持社会各界参与创建生态文明的各项活动,开创政府主导和全民参与紧密结合的生态文明建设新局面。

5.3　规划目标

5.3.1　阶段目标

近期目标(2020—2025年):长岛国家公园正式设立,生态保护红线完成划定,初步形成生态、生产和生空间均衡的蓝色国土空间格局;全年空气质量达到优良等级,全区海洋水质保持优等水平,受损生态基本得到修复;初步形成以生态渔业、生态旅游为支柱,海洋文化产业和体育产业为补充的绿色低碳产业格局;生态文明主流价值观在全社会得到推行,初步形成全民共享、绿色低碳的生活方式;生态文明制度体系初步确立,达到国家生态文明建设示范区的各项指标。

中远期目标(2026—2030年):全面形成生产空间高效集约、生活空间适度宜居、生态空间山青水秀的蓝色国土空间格局;全年空气质量达到优等水平,全区海洋水质保持优等水平,全面实现高水平生态保护;全面形成以生态渔业、生态旅游为支柱,海洋文化产业和体育产业为补充的绿色低碳产业格局;全面普及生态文明主流价值观,形成全民共享、绿色低碳的生活方式;建立完整、高效的生态文明制度体系，建成开放程度高、核心竞争力强、创新发展快、生态环境优、经济社会效益好、群众满意度高的海岛生态文明建设国家标杆。

5.3.2　总体目标

充分发挥长岛生态优势，坚持国家公园及生态特区定位，着力创新和完善体制机制，优化国土空间格局。加快渔业、旅游、文化、体育等产业融合发展，建成以绿色低碳为特征的生态产业体系，以节约集约为基础的资源保障体系，以生态修复和污染防治为重点的环境保护体系，以生态红线为支撑的生态安全体系，以人与自然和谐为基础的生态人居体系，以渔业文化与生态文明融合为标志的生态文化体系；形成符合生态文明理念的生产方式、生活方式和消费方式，建设空间生态优化、经济生态高效、环境生态优美、生活生态和谐、文化生态昌盛、制度生态完善、社会治理高效的海岛生态文明建设国家标杆。

5.4　指标体系

依据以生态环境部印发的《国家生态文明建设示范县、市指标（试行）》中的示范县指标作为规划参考指标，长岛生态文明建设规划指标体系从生态制度、生态安全、生态空间、生态经济、生态生活、生态文化六个方面设置 34 项建设指标。具体指标体系见表 5-1。

表 5-1　长岛海洋生态文明综合试验区生态文明建设指标体系

领域	任务	序号	指标名称	单位	指标值	现状值（2019 年）	近期目标	中远期目标	指标属性	责任单位
生态制度	（一）目标责任体系制度建设	1	生态文明建设规划	—	制定实施	正在编制	制定实施	制定实施	约束性	生态环境局
		2	党委政府对生态文明建设重大目标任务部署情况	—	有效开展	开展	有效开展	有效开展	约束性	管委办
		3	生态文明建设工作占党政实绩考核的比例	%	≥20	暂未统计	≥20	≥20	约束性	管委办
		4	河长制	—	全面实施	100	（不适用）新设岛长制、岸长制		约束性	自然资源局
		5	生态环境信息公开率	%	100	100	100	100	约束性	生态环境局
		6	依法开展规划环境影响评价	—	开展	暂未统计	开展	开展	参考性	生态环境局
生态安全	（二）生态环境质量改善	7	环境空气质量 优良天数比例 $PM_{2.5}$ 浓度下降幅度	%	完成上级规定的考核任务；保持稳定或持续改善	优良天数 70.4%；$PM_{2.5}$ 浓度比 2018 年增加%	国家环境空气质量标准二级标准	国家环境空气质量标准二级标准	约束性	生态环境局
		8	水环境质量 水质达到优于Ⅲ类比例 高幅度 劣Ⅴ类水体下降幅度 黑臭水体消除比例	%	完成上级规定的考核任务；保持稳定或持续改善	完成上级规定的考核任务	100	100	约束性	生态环境局
	（三）生态系统保护	9	生态环境状况指数 干旱半干旱地区 其他地区	%	≥35 ≥60	81	保持现状	保持现状	约束性	生态环境局
		10	林草覆盖率 丘陵地区	%	≥40	49.96%	50%	51%	参考性	自然资源局

（续）

领域	任务	序号	指标名称	单位	指标值	现状值（2019 年）	近期目标	中远期目标	指标属性	责任单位
生态安全	（三）生态系统保护	11	生物多样性保护 国家重点保护野生动植物保护率 外来物种入侵 特有性或指示性水生生物种保持率	% – %	≥95 不明显 不降低	100 不明显 不降低	100%	100%	参考性	自然资源局
		12	海岸生态修复 岸线生态修复长度 滨海湿地修复面积	公里 公顷	完成上级管控目标	21.5； 不适用	2	9.98	参考性	自然资源局
	（四）生态环境风险防范	13	危险废物利用处置率	%	100	100	100	100	约束性	生态环境局
		14	建设用地土壤污染风险管控和修复名录制度	–	建立	建立	建立	建立	参考性	生态环境局
		15	突发生态环境事件应急管理机制	–	建立	建立	建立	建立	约束性	生态环境局
生态空间	（五）生态空间优化	16	自然生态空间 生态保护红线 自然保护地	–	面积不减少，性质不改变，功能不降低	面积不减少，性质不改变，功能不降低	面积不减少，性质不改变，功能不降低	面积不减少，性质不改变，功能不降低	约束性	自然资源局
		17	自然岸线保有率	%	完成上级管控目标	完成上级管控目标	完成上级管控目标	完成上级管控目标	参考性	自然资源局
		18	河湖岸线保有率	%	不适用，长岛无河流湖泊				–	–

（续）

领域	任务	序号	指标名称	单位	指标值	现状值（2019年）	近期目标	中远期目标	指标属性	责任单位
生态经济	（六）资源节约利用	19	单位地区生产总值能耗	吨标准煤/万元	完成上级规定的目标任务；保持稳定或持续改善	0.1448	完成上级规定的目标任务；保持稳定或持续改善	完成上级规定的目标任务；保持稳定或持续改善	约束性	经发局
		20	单位地区生产总值用水量	立方米/万元	完成上级规定的目标任务；保持稳定或持续改善	2.1	2.09	2.07	约束性	经发局、自然资源局
		21	单位国内生产总值建设用地使用面积下降率	%	≥4.5	暂未统计	≥4.5	≥4.5	参考性	经发局、自然资源局
	（七）产业循环发展	22	农业废弃物综合利用率秸秆综合利用率畜禽粪污资源化利用率农膜回收利用率	%	≥90≥75≥80	不适用，长岛只有零星的农田、畜禽养殖			参考性	自然资源局
		23	一般工业固体废物综合利用率	%	≥80	不适用，长岛无工业企业			参考性	生态环境局
		24	集中式饮用水水源地水质优良比例	%	100	不适用，长岛饮用水统一由蓬莱战山水库供给			约束性	生态环境局
	（八）人居环境改善	25	村镇饮用水卫生合格率	%	100	100	100	100	约束性	自然资源局
		26	城镇污水处理率	%	县≥85	97	97	100	约束性	交通住建局
		27	城镇生活垃圾无害化处理率	%	县≥80	100	100	100	约束性	交通和住建局

（续）

领域	任务	序号	指标名称	单位	指标值	现状值（2019 年）	近期目标	中远期目标	指标属性	责任单位
生态生活	（九）生活方式绿色化	28	农村无害化卫生厕所普及率	%	完成上级规定的目标任务	94	95	95	约束性	交通和住建局
		29	城镇新建绿色建筑比例	%	≥50	暂未统计	60	60	参考性	交通和住建局
		30	生活废弃物综合利用 城镇生活垃圾分类减量化行动 农村生活垃圾集中收集储运	–	实施	实施	实施	实施	参考性	交通住建
		31	政府绿色采购比例	%	≥80	暂未统计	≥80	≥80	约束性	财政金融局
	（十）观念意识普及	32	党政领导干部参加生态文明培训的人数比例	%	100	暂未统计	100	100	参考性	党群工作部
		33	公众对生态文明建设的满意度	%	≥80	80	≥80	≥80	参考性	经发局
		34	公众对生态文明建设的参与度	%	≥80	暂未统计	≥80	≥80	参考性	经发局

第6章 重点任务

6.1 构建生态空间体系，建设蓝绿长岛

6.1.1 严守生态保护底线

严格落实主体功能区制度，统筹各类空间性规划，推进多规合一。编制实施国家重点生态功能区产业准入负面清单，严禁破坏生态系统功能的开发建设项目。强化生态红线管控作用，统筹渤海海洋生态红线区、整合优化后的长岛国家级自然保护区管控要求，落实生态环境空间管控、生态环境承载力调控、环境质量底线控制等环境引导和管控要求。落实国家级自然保护区总体规划，对自然保护区进行勘界，树立界碑界桩，有序对居住在自然保护区核心区与缓冲区的居民实施生态移民。完善生态环境保护责任制和问责制。

6.1.2 海洋空间资源管控

（1）实施海洋空间规划引领

严格遵守海洋功能区划，有效管控海洋开发利用活动。落实海洋生态保护红线制度，实施海洋生态红线区常态化监测与监管，海洋生态保护红线面积达到考核目标要求。2020年年底前，完成生态保护红线勘界定标工作，按照国家围填海管控政策，全面清理非法占用生态保护红线区的围填海项目。

（2）实施自然岸线保有率目标控制制度

编制《长岛国土空间总体规划》，科学划定海岸带管理范围，实施海岸带综合管理，推进海岸带空间资源优化配置和集约使用，构建海岸带产业、城镇和生态良性互动格局。到2020年，自然岸线保有率达到考核目标要求。

（3）严格海水养殖空间管控

完成区级《养殖水域滩涂规划》编制工作，科学划定养殖区、限养区和禁养区，侵占航道和锚地及禁养区内水产养殖活动依法依规限期搬迁或关停，着重清理整顿沿海核心区海岸线向海1公里范围内筏式养殖设施。

（4）严格执行用海限批政策

除国家重大战略项目外，全面停止新增围填海项目审批。对合法合规围填海闲置用地进行科学规划，引导符合国家产业政策的项目消化存量资源，优先支持海洋战略性新兴产业、绿色环保产业、循环经济产业和海洋特色产业。

（5）实行"一岛一策"

全面摸清各海岛岛陆和近岸海域存在的突出问题，建立问题清单，科学编制海岛综合整治修复方案，有针对性地提出污染治理、生态整治修复、环境监管等具体措施。在10个居民岛设立"岛长制"和"岸长制"，在141个无居民岛设立"岛长制"实现岛岛有人管，海岸有人巡。

6.1.3 加强生物资源保护

严格落实海洋功能区划，除必要的交通、生产、生活设施外，停止围填海活动，逐步清理围海及陆基养殖设施。通过科学建设海洋牧场和人工鱼礁群、海底森林营造、增殖放流及封山育林等手段，建设和管理好长岛自然保护地，为鱼类、海豹、鸟类等生物种群的繁衍生息创造良好环境，保持生态平衡。合理布局养殖用海区域，控制近海养殖品种密度和养殖规模，逐步消除高污染、高破坏性海水养殖品种加强海水水质监测，减少养殖对水质的影响。加强动植物检验检疫，建立外来物种入侵预警机制，减少外来物种对长岛渔业资源和野生动植物的负面影响，保护长岛生物资源的原生性和多样性。建立海洋资源环境承载力监测和预警机制，发挥贝类、藻类、林木的碳汇功能，加快发展碳汇产业。

6.2 构建生态产业体系，建设低碳长岛

6.2.1 产业提质增效

优质的生态环境是长岛最大的优势和潜力，绿色发展是海岛永续利用的基石。长岛综合试验区坚决打破传统路径依赖，保持战略定力，正确处理好五对关系，即：人的利益与生物利益的关系，生态空间和生活、生产空间的关系，保护与发展的关系，长期利益和短期利益的关系，长岛与蓬莱协同发展的关系。强力推进岸滩整治、近岸养殖腾退攻坚，开展清洁能源替代攻坚，坚决摒弃破坏生态环境的增长模式，致力于高水平的生态保护，以绿色发展为根本前提，以推进长岛国家公园建设为抓手，按照新旧动能转换的总要求，立足长岛特色和优势，推进生态旅游、现代渔业、海洋文化等生态友好型产业转型发展。

(1)探索国家公园辐射带动发展创新模式

充分发挥长岛国家公园品牌具有自带流量的"网红"带动作用，建立长岛国家公园品牌标识认证的"吃住行游购娱"增值产业链体系，构建以公园内部、公园门户社区、公园周边、长岛片区组成的"点线面"同心圆社区体系，创建长岛国家公园入口社区、国家公园小镇、国家公园服务基地三级辐射带动发展创新模式，实现国家公园生态保护与资源利用的协同发展。

(2)创新发展生态旅游业

旅游业态提质换挡：引入国际自行车、马拉松等品牌赛事，推出竞走、越野跑等项目，打造全国体育旅游休闲基地；加快海上游营运船舶提档升级，开通长短结合、辐射各岛的海上旅游航线，重点发展游船、潜水、轻艇等体验型旅游和游艇、帆船等竞技型海上运动；积极培育科普、研学等旅游新业态，开发推广海洋牧场、海防军事夏令营等旅游产品；大力发展海钓、岛钓旅游，打造中国北方知名的休闲垂钓目的地。

提升旅游服务：积极引进国际知名品牌高端度假酒店，建设一批特色文化主题酒店，探索发展旅居融合的产权式度假酒店。推动"渔家乐"改造升级、集群化发展，打造精品民宿。统筹推进"智慧

旅游"规划建设。积极发展旅游专线车、旅游观光巴士和观光电瓶车，支持发展共享电动汽车、共享单车。持续深入推进旅游"厕所革命"，2020 年全部改建完成 A 级标准旅游厕所。

打造特色品牌：突出"海上仙山、生态长岛"品牌，通过举办具有海岛特色的节庆、赛事和展销活动，打造长岛生态旅游特色知名品牌。增设观鸟、猛禽环志科普等生态旅游项目，设计具有海岛特色的旅游纪念品。开发海岛森林氧吧、海珍品美容保健等项目，培育海岛养生度假品牌。搞好策划推介，加大营销力度，扩大生态旅游知名度和影响力。

突出生态旅游重点区域：按照政府统筹、特许经营的方式，集约发展岛屿旅游。以长岛自然保护地为依托，重点打造九丈崖、月牙湾、万鸟岛等景区，建设成为生态旅游的集聚区。支持蓬长龙旅游一体化发展，构建一体化旅游营销平台和发展协调机制，探讨设立综合旅游开发公司，支持逐步建设长岛旅游综合服务基地。

（3）优化提升现代渔业

种质资源保护：发挥各类自然保护地的功能作用，严格按照划定的范围进行保护管理，确保生态系统安全。加强对皱纹盘鲍和光棘球海胆、许氏平鲉 2 个国家级水产种质资源保护区，以及栉孔扇贝、魁蚶等 6 个省级水产种质资源保护区的管理。

优良品种培育：以水产种质资源保护区、省级以上水产原良种场为重点，依托中国海洋大学、黄海水产研究所等高校和科研单位，建设海水养殖优良种质研发中心和水产种业基地，提高优良种培育能力。

海洋牧场建设：以生态环境承载能力为基础，以信息化物联网等智能设备为支撑，科学布局现代化海洋牧场。重点开展海洋牧场多功能平台、深水大型智能网箱建设，实现海水养殖集约化、装备化和智能化。推进近岸渔业向离岸深海发展，打响长岛海参、鲍鱼、扇贝、海带等标志性品牌，建设优势海产品健康养殖基地和优质海洋食品生产基地。

休闲渔业发展：推广"渔业+旅游"模式，开发渔区观光、渔事体验、科普教育等休闲渔业项目。大力发展海洋游钓业，支持重点企业建立规模化、规范化的海钓俱乐部或海钓基地。统筹推进投放新型礁、放流恋礁鱼、建造标准船、美化海岸线、提供餐饮救助等工程建设。

(4) 推动海洋文化旅游产业融合发展

制定长岛渔业+文化+旅游融合发展十年规划，整合 10 个有居民岛的渔业生产、渔业文化、妈祖文化、军事文化等物质文化资源，挖掘长岛渔号等 25 个非物质文化遗产的旅游价值，做好顶层设计。实施"产业+文化""产业+旅游"战略，推动生态、休闲、短视频平台与文化、旅游等不断融合，开发时尚产业，衍生新业态。

继续大力发展渔家乐和民宿，制定长岛标准，通过评定挂牌宣传示范，提升全域的接待品质和服务品质。

编制文旅融合发展三年实施方案，重点推进文旅大项目建设，打造特色文化旅游产品，精心设计具有各岛特色的高品质旅游线路。支持长旅集团股份制改革，引入高水平的文旅经营企业，提高长岛文化旅游做强做大。

突出抓好长岛文旅环境管理。切实转变城镇乡村管理的理念和方式，由简单粗放的管理转为精细化、人性化和现代化管理，更契合百姓需求。制定并严格执行长岛旅游市场黑名单管理办法，将严重违法失信的旅游市场主体和从业人员列入旅游市场黑名单，实施信用约束、联合惩戒等措施。

加大长岛文旅品牌宣传。打造长岛文旅公共品牌，既要用好传统媒介，也要充分利用抖音、短视频等网络新媒介，通过多种手段，塑造长岛的文旅品牌。加强与全国媒体合作，做好点对点精准投放，争取最好的宣传效应。

传承海岛传统文化，保护性修复北庄遗址、猴矶岛灯塔等历史遗存，保护经典海草房、典型军营等文化资源。保护传承非物质文化，实施非物质文化遗产项目代表性传承人扶持计划，研究创新砣矶砚、木帆船、刺绣、渔家号子等非物质文化遗产项目。

弘扬新时代海洋文化核心价值观和"老海岛"精神，抓好海岛特色文艺作品创作，打造海岛影视拍摄基地和艺术创作基地，规划建设渔业文化展示平台。推进图书馆、文化馆、档案馆改造，启动美术馆、规划馆建设，新建一批综合文化站、文化服务中心和历史文化展示场所。培育一批文化旅游龙头企业，建设以海洋为主题的文化创意产业基地和文化产业集聚区。塑造长岛海洋文化品牌，创新办好中华妈祖文化节、世界海岛经济论坛等活动，开发长岛渔号、海岛民俗等文化展示体验产品。提升妈祖文化影响力，将庙岛打造成北方妈祖文化的交流中心。

(5)加快产业发展转型

推动旅游业转型发展。坚持保护优先，岛海统筹布局，完善旅游设施，加快提升旅游功能，丰富旅游线路、旅游业态，增设旅游体验项目，开发旅游新品种，提高旅游品位层次，推动旅游业向中高端转型发展。打造"海上仙山·生态长岛"长岛旅游品牌，积极争创省级和国家级旅游度假区。

推进生态渔业纵深发展。加快建设现代化海洋牧场，坚持"规模化、工程化、智慧化、绿色化"发展方向，加强与实力企业合作共建，积极参与烟台市海洋牧场"百箱计划"，着力打造一批渔业领军企业，支持现有国家级和省级海洋牧场，建设好半潜式深水智能网箱、坐底式深水智能海珍品网箱、深水智能化网箱平台、休闲渔业平台，推动生态渔业向更高层次发展；打造"长岛海珍"等高端品牌，以"长岛海参""长岛鲍鱼"等优质海珍品为重点，继续打造"长岛海珍"区域公用品牌，面向高端市场，推出高质量标准的长岛海鲜产品。

弘扬新时代海洋文化核心价值观。抓好海岛特色文艺作品创作，打造海岛影视拍摄基地和艺术创作基地，规划建设渔业文化展示平台。推进图书馆、文化馆、档案馆改造，启动美术馆、规划馆建设，新建一批综合文化站、文化服务中心和历史文化展示场所。

塑造长岛海洋文化品牌。培育一批文化旅游龙头企业，建设以海洋为主题的文化创意产业基地和文化产业集聚区。塑造长岛海洋文化品牌，创新办好中华妈祖文化节、世界海岛经济论坛、海岛音乐节等活动，开发长岛渔号、长岛秧歌等文化展示体验产品，提升妈祖文化影响力，将庙岛打造成北方妈祖文化的交流中心。

6.2.2 资源节约利用

海域资源：科学布局用海区域，改变粗放用海模式，将城镇、港口、休闲旅游设施、海洋牧场等布局与海域功能区划、主体功能区规划及整合优化后的自然保护地等规划相衔接，提高海域资源利用水平。

土地资源：尽快制定并严格实施长岛国土空间利用总体规划，落实最严格的节约用地制度，实现建设用地总量和土地开发强度双控制目标。盘活闲置低效用地，积极推进存量建设用地开发，切实提高土地利用效率。

水资源：完善水资源管理制度，推广应用节水新产品、新工艺、新技术，推行取水、供水、用水全过程节水方式，加大中水回用力度。加强水资源保护，严格控制地下水开采，积极推进雨水集蓄、海绵城市建设，扩大涵养水源，防止海水入侵。

绿色建筑：加强长岛城乡的建筑和旅游基础设施的外观、色彩等风貌管控，应与现有岛陆风貌相协调。引导推广绿色低碳建筑，建筑生产过程和用材应符合国家绿色建筑技术标准。

6.2.3　建设长岛现代化海洋牧场示范区

至 2025 年，建设规模达到国家级海洋牧场标准要求的牧场示范区 10 处，达到省级以上海洋牧场标准要求的牧场示范区 20 处，建成省级休闲海钓场 10 处、市级休闲渔业基地 20 处，累积投放各类礁体 180 万空方，放流黑鲷、大泷六线鱼、许氏平鲉等恋礁鱼类苗种 0.35 亿单位，各类海洋牧场总面积突破 50 万亩。

6.3　构建生态安全体系，建设健康长岛

6.3.1　攻坚大气污染防治，稳定推进长岛蓝

（1）加强扬尘污染综合整治

全面严格落实建设工地"六个百分百"要求，加强建设工地日常监管，坚持巡查制度，扎实有效地做好建设工地扬尘治理工作，确保扬尘污染防治措施落实到位。

市政道路、燃气、热力、电力工程等建设或改造施工时，必须采取有效的防尘措施；灰土和无机料要预拌进场，道路碾压过程中要及时清扫并洒水降尘。所有裸露的作业面必须用密目网覆盖并定期洒水降尘。

加强渣土车辆管控，规范渣土运输车辆通行时间和路线，对不符合要求上路行驶的按上限处罚并取消渣土运输资格。渣土车运载渣土驶出建筑工地及渣土倾倒场地时，必须对车身进行冲洗并正常使用密闭设施。加大建筑工地和渣土倾倒场地出口及周边道路保洁频次，及时清理积土并冲洗路面。

严格按照无尘土、见本色的标准加大道路保洁力度。城区车行道每天至少进行2次机械清扫；主次干道每日至少洒水4次，其他车行道每日至少洒水2次；主次干道每周至少冲洗2次，其他车行道每周至少冲洗1次。预报将出现扬沙浮尘天气时，要加大机械清扫和洒水频次。

对城区内渣土堆放场地、裸露地面进行拉网式排查，逐个明确扬尘整治责任单位，全部落实密目网遮盖措施。整治责任单位建立日常巡查制度，发现遮盖不完全或破损情况及时修补。

港口码头、商业混凝土企业要按照规范标准要求完成密闭料棚或防风抑尘网及自动喷淋等防尘设施建设，未建成前所有料堆必须全部覆盖。港区、厂区内设置洗车设施，出港、出厂车辆经清洗后方可驶出。配备专职工作人员进行保洁，及时清扫港区、厂区内部和车辆进出口及周边公共道路。企业生产期间每天洒水降尘不少于4次，港区、厂区出现积尘要立即冲洗。预报将出现扬沙浮尘天气时，增加洒水频次，确保港区、厂区内外区域始终整洁、湿润、不扬尘。

加大执法检查力度，全面禁止农作物秸秆、城市清扫废物、园林废物、建筑废弃物等生物质的违规露天焚烧；各乡镇、街道（开发管理处）要强化属地监管责任，建立网格化监管制度。

（2）加强臭氧污染防控

以挥发性有机物（VOCs）和氮氧化物（NO_x）协同减排为主攻方向，突出精准治污、科学治污、依法治污，力争臭氧污染提前预防、臭氧污染天数同比减少、臭氧污染进一步改善。

加强环境空气臭氧污染来源解析。判断长期及污染时段污染物排放以及气象因素、大气化学反应、沉降等大气物理化学过程对臭氧污染的影响；明确本地与外地传输对臭氧污染形成的贡献；明确本地需要重点控制的 NO_x 污染源，确认对臭氧污染形成贡献显著的优势 VOCs 组分，定量解析各 VOCs 排放源类对 VOCs 的贡献与分担率，指明需要控制的 VOCs 重点排放区域和重点控制污染源。

加强工业 VOCs 治理。梳理长岛范围内涉 VOCs 企业清单，加强涉 VOCs 行业综合整治；加快实施 VOCs 排放行业的源头替代、过程控制和末端治理；加快涉 VOCs"散乱污"企业清理整治；严格执行大气挥发性有机物排放标准及相关行业排放标准，促进企业提标改造。

加强工业 NO_x 污染治理。加快涉 NO_x 行业的综合治理；加强监督性监测和在线监测数据监管，严禁偷排、漏排和超标排放。

加强移动源污染控制。加强柴油货车管控，加大区域内货车执法检查力度；加强非道路移动机械抽测和检查；高温期间，引导燃油类工程机械错时施工；大力推进加油站等油气回收治理工作；引导机动车错峰加油；进一步加大老旧车淘汰力度，只允许新增电动汽车，禁止新增燃油汽车；加快推动公交、出租车等公共服务车辆电能替代；加大城市道路交通管控力度，保障公共交通运力，倡导绿色出行。

加强面源污染防控。道路沥青铺装、道路划线、建筑墙体涂刷和钢结构涂装等使用有机溶剂的施工作业，尽量避开高温时段；在学校、医院、车船站等公共场所推广使用水性建筑涂料；全面推广汽修行业使用低挥发性涂料，完善有机废气收集和处理系统，依法取缔露天、敞开式喷涂及无证喷涂作业；加强餐饮油烟排放整治，严查重点餐饮项目未安装、未正常使用油烟净化设施行为；严禁区域范围内焚烧垃圾、落叶，严控露天烧烤。

（3）加强车、船用油品监督管理

负责成品油流通监督管理工作，严格成品油流通领域市场准入，引导成品油企业合法经营；加强对成品油经营企业资质的监督检查。市场监督管理局、经济发展局负责把成品油市场监督检查列为联合开展"双随机、一公开"监管重要内容。

（4）妥善应对重污染天气

成立专职机构，加强联防联控。建立区重污染天气应急工作小组，小组组长由分管生态环境工作的管委副主任担任，副组长由区管委办公室分管副主任、市生态环境局长岛分局局长担任，成员由区工委宣传文化旅游部、区经济发展局、区社会事务局、区交通和建设局、市生态环境局长岛分局、公安局、气象局、各乡镇(街道、开发管理处)负责同志组成。区重污染天气应急工作小组下设办公室、预报预警组、应急处置组、信息公开和宣传组、医疗防护组，办公室设在市生态环境局长岛分局。

构建减排清单，压实减排责任。对辖区内的工业污染源、扬尘污染源进行全面排查，建立起一套完善的重污染天气应急预案减排措施项目清单。对工业企业实施"一厂一策"，明确停限产的具体生产线、具体生产工序；明确每一个处于场地平整和土石方阶段建设工地的监管责任人，确保停工减排措施得到及时落实。

精准监测，提前预警。市生态环境局长岛分局和气象局分别负责空气污染物的监测及其动态趋势分析、空气污染气象条件等级预报和雾霾天气监测预警。对未来 3~7 天城市环境空气治理进行预报；同时，须联合开展重污染天气预警会商，会商后联合发布环境空气质量预报；达到预警等级时，向区重污染天气应急工作小组报送重污染天气预警信息，提出预警发布建议。重污染天气发生时，应适当增加联合预报的频率。

科学规范的发布与解除预警。市生态环境局长岛分局和气象局负责联合开展重污染天气预报预警工作。经预测，未来将出现重污染天气并达到预警条件时，区重污染天气应急工作小组发布预警。当预测或监测城区空气质量改善到轻度污染及以下级别且将持续 36 小时以上时，解除相应等级预警。当预测或监测城区空气质量达到更高级别预警条件时，及时提升预警级别。

分级开展应急响应。重污染天气预警信息发布后，区重污染天气应急工作小组各成员单位须按照应急预案及时启动应急响应，督导有关企业和单位落实应急减排措施，并在政府官方网站发布应急响应公告。各乡镇(街道、开发管理处)、各相关部分须根据发布的预警等级，采取相应的强制性和建议性减排措施以及健康防护。

重污染应急后评估。区重污染天气应急工作小组各成员单位要对每次重污染天气应急情况进行总结、评估，在应急响应终止 3 个工作日内将响应情况报告区重污染天气所急工作小组办公室。评估报告应报告重污染天气应急响应所采取的措施、取得的成效、发现的问题以及改进建议等。区重污染天气应急工作小组办公室负责汇总整理后报市生态环境局。区重污染天气应急工作小组各成员单位定期对应急预案有效性和可操作性进行评估，并根据产业结构、能源结构调整，以及大气污染治理工作进展情况，对应急预案减排措施项目进度进行更新修订。

加强重污染天气应急信息公开。区重污染天气应急工作小组办公室负责重污染天气应急信息公开的指导协调，各乡镇（街道、开发管理处）应急工作小组负责小区重污染天气应急信息公开，区工委宣传文化旅游部负责新闻宣传和舆情引导处置。重污染天气期间须通过报刊、广播、电视、网络、移动通信等媒体以信息发布、科普宣传、情况通报等形式向社会公布环境空气质量监测数据、重污染天气可能持续的时间、潜在的危害及防范建议、应急工作进展情况等。

加强监督问责。对因工作不力、履职缺位等导致未能有效应对重污染天气的，依法依纪追究责任。对应急响应期间偷排偷放、屡查屡犯的企业，依法责令其停止生产，除予以经济处罚外，依法追究法律责任。

（5）积极应对气候变化

以优化能源消费结构、控制工业领域排放、建筑领域节能行动、建设低碳交通运输体系、大力发展低碳农业、增加生态系统碳汇、推进试点示范建设、加快推进融入全国碳排放交易市场体系和认真谋划"十四五"碳减排目标等为重点，长岛生态环境局全面统筹，各成员单位各尽其责、协同配合，完成省、市下达的年度工作目标。

加强组织领导。长岛生态环境局统筹协调推进全综合试验区应对气候变化工作顺利开展。各成员单位要将大幅度降低二氧化碳排放强度纳入本单位的重点工作，制定各个年度应对气候变化工作实施方案，建立完善应对气候变化工作机制。

强化督查考核。长岛生态环境局对各地控制温室气体排放工作进展情况开展督查、调度、考核，对于控制温室气体排放工作严重滞后等问题突出的单位，将在全综合试验区进行通报批评。

加大资金投入力度。各成员单位要高度重视应对气候变化工作，按照国家、山东省、烟台市的要求，做好温室气体排放情况的汇总和上报工作。财政部门应为开展应对气候变化工作提供资金保障，加大财政资金支持力度，争取安排专项资金，确保相关工作顺利开展。

6.3.2 加强水体环境保护，保住蓝绿本底

（1）实施全过程水污染防治

加强工业污染防治。严格环境准入。禁止在长岛建设高耗水、高污染物排放、产生有毒有害污染物的项目，对造船修船、海产品加工等行业，实行产能规模和主要污染物排放控制，责令建设有效的污水处理体系。

集中治理区域内水污染。全面实现污水集中处理并安装自动在线监控装置，对逾期未完成的，实施涉水新建项目"限批"，并责令限期整改；整改不合格，严格关停。

加强城镇生活污染防治。加强配套管网建设和改造。制定管网建设和改造计划，加快实施排水系统雨污分流改造。污水处理设施的配套管网应同步设计、同步建设、同步投运。城区建设均应实行雨污分流，要推进初期雨水收集、处理和资源化利用。2020年年底前，城区基本实现污水全收集、全处理。

加强船舶港口污染防治。积极治理船舶污染。实施非标准船型改造，依法强制报废超过使用年限的船舶。严格执行国家相关标准，加快现有非标准船舶、老旧船舶的环保设施更新改造，2020年年底前完成改造任务，难以改造的限期予以淘汰。

（2）促进水资源节约和循环利用

严格用水管理。实施最严格水资源管理制度。严格取水许可审批管理，实行计划用水管理。充分考虑当地水资源条件和防洪要求，加强相关规划和重大项目建设布局水资源论证。到2020年，万元国内生产总值用水量达到国家下达考核指标要求，万元工业增加

值用水量降至 10 立方米以下。到 2025 年，万元工业增加值用水量降至 9 立方米以下。

提高用水效率。把节水目标任务完成情况纳入政府政绩考核。实施生活节水改造，建立新型节水器具推荐推广目录；对老化材质落后的供水管网进行更新改造，控制供水管网漏损率。积极开展海绵城市建设，推行低影响开发建设模式，鼓励对现有硬化路面进行透水性改造。到 2020 年，达到国家节水型城市标准要求。

加强水资源保护。完善水资源保护考核评价体系。加强水功能区监督管理，加强排污口监督管理，加大水利工程建设力度，发挥好控制性水利工程在改善水质中的作用。

构建再生水循环利用体系。加强城镇再生水循环利用基础设施建设。新建住宅小区应配套建设雨水收集利用设施。在城市绿化、道路清扫、车辆冲洗、建筑施工以及生态景观等领域优先使用再生水。争取优惠政策，加强海水淡化工程建设，为缓解居民用水、生态用水、经济发展用水提供水源补充。

（3）加强生态保护与恢复

严守生态红线。将重要水域、生物多样性保护区、自然保护区、饮用水水源保护区、水源涵养区等与水生态环境密切相关的重要区域划入生态红线保护范围，细化分类分区管控措施，做到红线区域性质不转换、功能不降低、面积不减少、责任不改变。

优化空间布局。建立水资源、水环境承载能力监测评价体系，实行水资源、水环境承载能力监测预警，已超过承载能力的地区要实施水污染物削减方案，加快调整发展规划和产业结构。

留足城市水生态空间。严格城市规划蓝线管理和水域岸线用途管制，明确地表水体的保护和控制界限，新建项目一律不得违规占用城市水域。

保障饮用水水质安全。强化从水源到水龙头全过程监管。供水单位应定期监测、检测和评估本行政区域内饮用水水源、供水厂出水和用户水龙头水质等饮水安全状况，每季度向社会公开饮水安全状况信息。2025 年，水质合格率达到 100%。

加强海洋生态保护与恢复。加强近岸海域环境保护。逐步建立陆海统筹的水污染联防联控机制，实施近岸海域污染防治方案。加强海洋生态修复与保护。加大滨海湿地和海湾典型生态系统以及重要渔业水域的保护力度。严格围填海管理和监督，严肃查处违法围填海行为。将自然海岸线保护纳入沿海地方政府政绩考核。

6.3.3　加强噪声污染防治，完善监管体系

控制交通噪声污染。优化交通路网体系，合理规划沿线地区的开发，加强对城镇道路的养护和改造，推广使用低噪路面材料，降低噪声的强度。控制机动车噪声，实行不同噪声水平机动车分区限时管理。

控制建筑施工噪声污染。加强政府各部门之间的协调和合作，整顿建筑施工噪声扰民问题。合理布局施工机械，降低噪声对周围敏感受体的影响。加强对企业施工的管理，鼓励研制、开发或引进低噪声的施工机械及工艺。

完善噪声监测监管体系。完善全区覆盖的声环境质量监测网络，建立环境噪声自动监测系统，设置噪声显示屏，开展道路噪声监测工作。对重点噪声污染源安装噪声自动监测仪器，将监测数据作为执法监管依据。严格声环境准入，提高噪声执法监管能力，强化排放源的监督检查，实现全区声环境质量共同改善。

6.3.4　推进农村环境整治，建设美丽乡村

加强农村生产生活污染防治。防治畜禽养殖污染。严格控制畜禽养殖数量，加强宣传教育，提高环境优先理念，减少农村畜禽养殖户。控制农业面源污染。全面推广低毒、低残留农药，开展农作物病虫害绿色防控和统防统治。实行测土配方施肥，推广精准施肥技术和机具。加快农村环境综合整治。实行农村环境基础设施统一规划、统一建设、统一管理，探索建立农村环境基础设施建设和运营社会化机制，确保农村污水、垃圾得到有效处理处置。到 2020 年年底，完成 40 个渔村的环境综合整治工作。

控制农业面源污染。持续推进化肥减量增效。深入实施化肥减量增效行动，到 2025 年，确保化肥利用率提高到 40% 以上，保持化肥使用量负增长。持续推进农药减量控害。深入开展农药减量增效行动，确保农药利用率提高到 40% 以上，保持农药使用量负增

长。实施绿色防控替代化学防治行动，力争主要农作物病虫害绿色防控覆盖率达到 30% 以上。加强农药安全使用监督检查，加大违规使用农药问题的查处力度。深入实施农膜回收行动，农膜回收利用率 80% 以上。

加强农村污水治理。选择经济适用、维护简便、循环利用的生活污水治理工艺，科学深化农村生活污水治理。建立区、镇、村、居民、第三方机构职责明确的农村生活污水治理设施运维管理体系，提高农村生活污水治理设施的收集率、负荷率和达标率。

防治水产养殖污染。以生态渔业规划编制和实施为引领，调整优化水产养殖布局，建立健全水产养殖禁限养区管理长效机制。严格控制水库、湖泊小网箱养殖规模。大力推进水产健康生态养殖，积极推广人工配合饲料，开展水产养殖塘生态化改造。

6.3.5　海域污染综合防治，减少陆源入海

(1) 陆源入海污染防治

开展入海排污口排查整治。清理非法或设置不合理的入海排污口，督促排污单位安装自动在线监控设备，严厉打击超标排放行为。2020 年 12 月 20 日前，按照"一口一策"工作原则，完成整治方案制定工作和部分整改任务。

加强污水处理设施规划与建设。加快配套管网建设和改造，消除城市黑臭水体入海。到 2020 年，新增污水处理能力 660 吨/日，出水稳定达到一级 A 排放标准；城区污水处理率达到 100%，采取有效措施，减少污水处理厂检修期和突发事故状态下污水直排对水体水质的影响；实现所有村庄有污水处理设施。

加强港口污染防治。制定港口码头污染防治方案，完善港口污水、垃圾接收、转运及处理处置设施建设。开展渔港(含综合港区内渔业港区)环境综合整治，推进污染防治设施建设和升级改造，加强含油污水、洗舱水、生活污水和垃圾等管理，提高渔港污染防治监督管理水平。

加强渔村生产生活污染防治。完善渔村生活污水治理设施，减少化肥农药使用量，强化农业、畜牧业废弃物资源化利用和畜禽养殖污染治理。

实施重点污染物总量控制。实行依法持证排污,严格控制并逐步削减重点行业总氮排放总量。2020 年年底前,完成覆盖所有污染源的排污许可证核发工作,并达到国家总氮总量控制要求。

(2)海域污染综合防治

清理整治海水养殖污染。依法依规开展海水工厂化养殖环境影响评价,推进养殖企业废水处理设施升级改造,在工厂化、规模化养殖企业的排水口,逐步实施主要污染物在线监测;加强海水养殖环境治理,严禁使用国家禁用兽药及其他化合物,新上深水抗风浪网箱要配备废物收集装置等环保设施。

加强船舶污染控制。依法报废超过使用年限的船舶,规范船舶水上拆解行为。完善船舶污水处理设施,限期淘汰不能达到污染物排放标准的船舶,严禁新建不达标船舶进入运输市场。禁止各类船舶直接向海域排放水污染物、压载水和船舶垃圾,严格控制在海域内从事船舶原油过驳、单点系泊等高污染风险作业。严格渔业船舶卫生标准,加装生活污水、垃圾回收设施,有条件的配套清洁卫生间。

完善海上环卫机制。按照属地管理原则,通过成立专业队伍、购买社会化服务等方式,做好辖区内海岸和海上垃圾的清理打捞工作。推进垃圾分类,严厉打击向海洋倾倒垃圾的违法行为。2020 年年底前,实现近岸海域垃圾的常态化防治。

严格控制向海洋倾倒废弃物,定期对海洋倾倒区开展监视监测,严厉打击非法倾废行为。

6.3.6　促进生态保护建设,修复生态系统

(1)开展海岸带生态系统保护与修复

严禁非法占用林地,严禁非法采砂,逐步恢复岸线生态功能;加快推进生态整治修复工程,开展海水污染治理和环境综合整治;开展渤海区域环境综合整治项目,改善海岛生态环境和基础设施,恢复受损海岛地形地貌和生态系统。

(2)加强近海和海岸湿地保护修复

严禁围垦、污染和占用湿地,维护湿地自然特征,增强湿地生态功能。

(3)加强水生生物资源养护

严格控制捕捞强度，落实海洋渔业资源总量管理制度，实施限额捕捞试点；优化海洋捕捞作业结构，严厉打击涉渔"三无"船舶，全面取缔"绝户网"等违规渔具。加大渔业资源增殖放流，严格执行伏季休渔制度，逐步恢复渔业资源。

(4)加强海洋保护区建设

严格落实海洋保护区分类管理，提升海洋保护区管护能力，组织开展监测、监视、宣教、科研等活动；落实自然保护地管理责任，规范海洋保护区范围和功能区调整程序，坚决制止和惩处各类违法违规行为。严格落实海洋生态补偿制度，实施海洋生态损失补偿。

6.3.7　提高风险防范能力，加强政府监管

(1)加强陆源突发环境事件风险防范

推动落实安全环保主体责任，提升突发环境事件风险防控能力，加强环境风险源邻近海域环境监测和区域环境风险防范。对油气储运、港口码头等重点区域，开展海洋环境风险源排查和综合风险评估。加强危化品泄漏环境风险防范，建立危化品泄漏应急响应信息平台，完善应急响应和指挥机制。

(2)加强海上、近岸海域溢油风险防控

推进管辖渤海海域溢油监视监测系统建设，完善卫星遥感、航空监视、船只巡视等多方位立体船舶溢油监视监测网络，支持海上溢油应急处置设备库建设，提高海上溢油灾害预测预警和应急处置能力。建立溢油事故处置联动协调机制，打击船舶违法排污和船舶大气污染。整合长岛海洋环境监测中心和长岛海洋预报服务站功能，支持长岛渤海海域海洋环境实时在线系统纳入国家海洋中心站建设规划。推动"透明海洋"科技成果集成示范，建立以海洋观测站和浮标为主的海洋灾害观测预报体系。加强风暴潮、地震等气象地质灾害预警预报系统建设。配合山东省要求的做好近岸海域和海岸的溢油污染治理责任主体确定，完善应急响应和指挥机制，配置应急物资库。建立沿海重大工程建设海洋灾害风险评价制度，科学划定海洋灾害重点防御区，定期开展环境风险隐患排查整治。

（3）开展海洋生态灾害预警与应急处置

加强海岸侵蚀、海水入侵与土壤盐渍化的定点监测与风险评估，建立完善风暴潮、海浪、海冰、海啸、溢油、绿潮、赤潮和海洋地质灾害等预报预警和防御决策系统，及时发布预警信息，编制完善应急预案，加强公众宣传及相关企事业单位预警信息通报。

6.4 构建生态生活体系，建设宜居长岛

6.4.1 加快基础设施建设，强化区域发展支撑

（1）健全完善交通体系

打造综合交通网络。加快长岛港陆岛交通码头工程建设，新建改建16个客运、客滚泊位，配套新建现代化综合客运枢纽，协调推进陆岛交通码头建设。完善长岛北部岛屿交通基础设施。支持省际海上交通航线开发，先期开通长岛—旅顺航线，提升通航能力。争取北长山、大钦岛、小钦岛、北隍城渔港及砣矶岛避风锚地列入农业农村部渔港建设及升级维护改造规划。

扩大国道、省道覆盖范围，南长山岛城区外围道路全部按国道、省道道路补助标准进行建设。改造城区主次干道，有条件的同步建设地下综合管廊。争取将国防公路建设工程列入国家交通战备发展规划。推进直升机机场建设，提高岛际交通配套能力。实行车辆"双控"，严格控制岛内车辆数量、严格控制岛外旅游车辆进岛，全面建立绿色公交体系。

提高公共交通出行分担率。加快建设区域交通基础设施，完善区域公共交通限量，根据实际乘客流量对需求高的路线进行班次加密，加快建设综合性公交场站，完善公交站点的网络覆盖，优化路网结构，提升公共线路的有效利用率。

（2）完善公共基础设施

加强供水管网改造、海水淡化、雨水集蓄利用、水库除险加固等工程建设，提高水资源供给、水灾害防御和水生态保护能力。建设西三岛和北五岛35千伏电网双回路双主变电网工程及北四岛微电网项目。推进35千伏砣大一线改造工程。分步实施气化长岛项目，加快燃煤替代，尽快淘汰燃煤设备。加快构建清洁能源供应和新能

源绿色公共交通体系，科学规划布局新能源汽车充电站和储气站。实施智能微网群协调控制示范工程，增强微电网对间歇式可再生能源消纳能力。改扩建现有热力厂，增加供暖面积。实施清洁能源替代工程，在有条件的乡镇和新建小区推广海水热源和地热源供暖。完善生活垃圾、医疗垃圾接收、转运及处理设施，实现垃圾分类处置和无害化处理。实施雨污分流改造工程，加快污水收集和中水管网配套，建设城镇污水处理厂污泥处置中心。升级改造南北长山岛污水处理设施，推进南隍城岛、北隍城岛等地埋式污水处理设施和管网规划建设，实现污水集中处理，全面达标排放。

持续、高效完成长岛道路、管网、人行道改造及蓄水池建设项目，以有效改善市政基础设施薄弱的现状，杜绝城市道路重复开挖的情况，提高城市供水、供电、供气等设施的保障能力，提升道路行车和步行品质，更有效地利用雨水资源，涵养地下水，实现雨污分流，对生态保护、海绵城市建设、市政基础设施提升均具有重要意义，包括道路大修、综合管网（雨污分流）改造、海绵型人行道改造、地下雨水集蓄池建设。

(3) 建设智慧网络体系

大力发展宽带网络，建成信息网络和云应用平台，实现10个有居民岛高速宽带和无线网络全覆盖。加快物联网、云计算、大数据等智能技术的示范和整合应用，积极推进长岛物联网示范工程。实施智慧旅游工程，制定长岛旅游信息公共服务方案和标准，建立综合服务平台，开发基于人工智能分析的大数据统计系统，建设景区电子票务、电子导览系统。完善旅游安全预警系统，加强公共安全视频监控联网应用。建立长岛海域基础信息平台，建设海域使用动态和海洋环境监测系统、水产品市场行情和渔需物资供求等实时监控系统、水产品质量安全管理与溯源系统，以及生物活动监测系统，提高海洋综合管理服务水平。

6.4.2 完善公共服务体系，提升民生保障水平

(1) 加快发展教育事业

优化配置教育资源，推进中小学结对帮扶，大力发展基础教育、职业教育，支持长岛职业中专建设海洋类中等职业学校。积极

开展职业导向的非学历继续教育，加大贫困家庭、失业人员、退伍军人职业培训力度。采取走出去培训、请进来辅导和定向培养等方式，建设高素质教师队伍。推进长岛第一实验学校、第二实验学校相关设施建设。支持企业与职业院校共建教学、生产、经营合一的实训基地，建设综合实践特色学校。改造扩建一批公办幼儿园，支持建设民办幼儿园。

（2）完善医疗卫生服务体系

支持长岛人民医院更新大型医用设备，改进远程会诊系统。推进卫生院和卫生室标准化建设。完善乡镇医疗急救体系，将大钦岛急救站建设成为覆盖北五岛的急救中心。开展空中医疗救援服务，提升海岛医疗救援综合保障水平。建设综合医疗卫生信息平台，提供高效的诊疗服务。支持长岛医疗机构与山东省、烟台市相关机构开展多种形式合作。省、市医疗机构每年派驻专家到长岛坐诊、巡诊。完善人口和计划生育公共服务体系，提升妇幼保健服务能力。

（3）增强社会保障能力

优化就业创业环境。建立经济发展和扩大就业联动制度，挖掘高质量就业岗位，消除零就业家庭。加强用工形势研判，加强用工监测、就业和失业动态监测，建立公众协调机制，及时掌握辖区企业用工形势。宣传创业扶持政策，开展创业培训，优化创新创业环境，出台税收优惠和担保贷款支持政策，实施高校毕业生就业创业促进计划、渔村青年创业富民行动等，提高居民创业成功率。

完善社会保险体系。实施全民参保登记计划，实现应保尽保。健全基本养老保险关系转移衔接政策，规范完善企业职工和城镇灵活就业人员养老保险制度，加快企业年金发展步伐，建立完善机关事业单位职业年金制度。

完善医疗保险体系。扩大大病保障范围，提高大病保险保障能力。加大对重病、重残等特困家庭的救助力度，减轻困难群众医疗支出负担，实现救助对象全覆盖。

加强养老服务体系建设。大力推行社区养老、机构养老，建设养老综合服务中心、日间照料中心及农村幸福院，探索建立长期护理保险制度。

关注低收入人群生活。深入推进"三房合一、租补分离"模式，逐步解决中低收入居民住房问题。

6.4.3 践行绿色生活方式，保护长岛区域环境

（1）倡导绿色低碳消费模式

倡导绿色低碳消费。引导消费者积极主动购买节能环保型家电以及有机绿色无公害农产品，加大绿色产品推介力度，扩展绿色低碳环保产品市场。鼓励商场、超市、市场通过突出绿色产品标识、设置绿色产品专区等方式，引导消费者优先选购绿色产品。

提倡使用绿色产品。限制过度包装，鼓励使用环保包装材料，促进包装材料的回收利用。持续深入推进限塑工作，严格限制一次性用品的生产、销售和使用，推广可降解塑料袋或可重复利用的布袋或纸袋。推广使用无磷洗衣粉，限制销售、使用含磷洗涤用品。对能效标识产品、节能节水认证产品、环境标志产品和无公害标志食品等绿色标识产品生产、销售和消费全过程采取税收优惠或财政补贴，畅通绿色产品流通渠道，扩大市场占有率。

严格执行政府绿色采购制度。认真落实《节能产品政府采购实施意见》《环境标志产品政府采购实施意见》，提升绿色采购在政府采购中的比重。制定机关单位绿色采购制度，明确规定应强制或优先采购通过法定机构认证的节能节水产品、环境标志产品和符合品质要求的再生产品。建立绿色采购考核制度，逐步加大政府强制绿色采购力度，扩大绿色产品消费市场，将落实情况作为各单位年度考核内容，杜绝采购国家明令禁止使用的高耗能设备或产品。

推广绿色经营和服务。由市场监督管理部门制定绿色商场准入标准，创建一批绿色消费示范点，促进商家有效落实各项节能措施。鼓励商家发展网上交易、邮购和电子业务。大力推动绿色销售，转变企业传统经营方式，以提供服务替代提供产品，建立精准销售体系，达到节约资源能源的目的。

加强消费环节的宣传引导。印发绿色消费市民宣传手册，推崇健康、文明、简约的生活方式，反对过度消费、奢侈消费，传授辨别有机食品的真伪、认识节能电器标识等知识；倡导自然健康食品，提倡低碳着装，开展"清洁餐桌"行动。

（2）培育绿色生活习惯

弘扬勤俭节约的优良传统，深入宣传节约光荣、浪费可耻的理念，引导机关、企业及广大群众从生活的点滴做起，争做低碳环保生活的倡导者和践行者。党政机关带头开展反浪费行动，严格落实各项节约措施。制定市民节能环保小手册，大力宣传和引导市民在消费行为中注重节约、节能和环保意识，提倡使用节能节水器具、养成节能节水的生活习惯、减少洗涤剂的使用、减少一次性产品的使用、外出就餐的"光盘"行动等，深入开展"反食品浪费行动"和"文明餐桌行动"，在全社会积极提倡厉行节约的生活方式。提倡自然健康食品，引导人们拒食各类保护动植物。提倡低碳着装，引导公众拒绝购买使用野生动物皮毛制成的服装、物品，优先选择环保面料和环保款式。

（3）大力推广垃圾分类

推广宣传垃圾分类。引导居民积极参与；强化教育引导、实践养成、制度保障，将生活垃圾分类融入工作和生活的每个方面，成为每一位市民的思想认同和行为习惯。

推广"集中分类投放+定时定点督导"模式。切实推进落实物业服务企业履行垃圾分类责任，提高居民生活垃圾分类参与率和准确率，实现全区域厨余垃圾分类全覆盖。建设智能化信息管理系统，对生活垃圾收运处理进行全方位精细化管理。

强力推进垃圾减量。积极推进重点行业和生活垃圾减量。开展"拒绝过度包装"主题宣传活动。以餐饮酒店、机关事业单位和学校食堂等为重点，推行"光盘行动"减少餐厨垃圾产生量。

建设垃圾收集转运设施。打造以大中型转运站集中转运和直运为主，小型转运站分散转运适当补充的收运体系。城市垃圾收集、转运过程中渗滤液应全部收集，妥善处理。严查向雨水口、雨水管网、河道违法排污行为。加快餐厨废弃物处理设施建设。加强餐厨废弃物运输车辆车容车貌整治，确保运输车辆整洁，运输过程中无撒漏现象，降低道路污染率。

（4）推行倡导绿色办公

全面推进绿色低碳办公。践行低碳办公理念，按照减量化的原则全面开展绿色低碳办公，开展办公耗材的回收利用，减少一次性办公耗材用量，进一步推行"无纸化办公"、利用"互联网+"模式，建立完善统一的政府网上办公服务系统、推广视频会议等电子政务，完善单位间的网络建设和电子办公设备升级。提倡节约使用、重复利用纸张、文具等办公用品。

推行办公建筑节能减排。政府机关率先推动办公建筑节能监管体系建设，实行能耗统计与能源审计制度，逐年降低人均能源消费。提倡办公人员日常办公方式的"绿色化"。白天尽量自然采光，鼓励使用节电型照明产品，减少普通白炽灯的使用比例；不使用的电子设备要关闭电源，不设置待机或休眠等带电状态；区域内所有公共建筑严格执行夏季空调和冬季取暖室内温度最低和最高标准，在全社会倡导夏季用电高峰期间室内空调温度不低于 26℃，冬季不高于 20℃。尽量减少一次性纸杯、烘手机、电梯、饮水机的使用，营造节能办公环境。

（5）倡导群众绿色出行

倡导公众少用私家车，多用公共交通工具。加强公共自行车宣传力度和租用点建设，建设绿色慢行道路系统，建设覆盖全区的绿道休闲路网，为市民提供绿色低碳的出行保障，提高市民绿色低碳出行率。

6.4.4 完善城镇绿地景观，构建美丽宜居环境

（1）提升绿地生态质量

优化配置植物资源。根据本地的自然条件选择对当地土壤、气候条件适应性强、有地方特色的植物品种作为城市绿化应用的骨干树种。采取乡土树种与经过长期栽培实践、生长较好、适应当地生态系统的外来引进树种相结合的方式配置植物，提升城市景观风貌。

（2）重视绿地科学养护

绿化养护要根据不同植物的种类、生长期和季节变化合理灌溉施肥，重点加强生物防治绿地病虫害，可根据景观需要和植物材料本身的生长特点，适时、适度的修剪。

（3）全面扩大城市绿化空间

推行屋顶绿化、阳台绿化、墙面绿化等绿化方式，丰富城市绿

化形态，扩大城市绿色空间和绿色面积，改善城市生态环境。

6.4.5　坚持疫情常态防控，保障居民健康安全

（1）加强重点人群防控

规范中、高风险等疫情重点地区来岛返岛人员管理，发动群防群治力量，持续开展人员排查和随访登记，分类落实防控措施；规范持健康码红码、黄码人员防控，各类公共场所、村居、社区等，如查验发现持健康码红码或黄码人员，要立即向疫情防控领导小组（指挥部）报告；规范确诊病例收治和管理，实现患者在院治疗和出院管理全闭环。

（2）加强重点场所防控

强化交通场站查验管控，在各类交通场站，严格查验健康码、检测体温，对于持健康码红码或黄码、14天内有疫情中高风险地区旅居史的人员、有发热症状的人员等特殊人员，均须立即登记备案，转交卫生健康部门规范处置。

优化公共场所日常防控措施，严格做好工作人员健康监测、环境清洁、消毒通风、人员防护等工作，大力推广使用自动测温筛检、智能消杀、智能预警等新技术新仪器；严控聚集性活动规模；节假日期间，公园、景区等公共场所，要采取门票预约、智慧引导、分时错峰、流量管理等方式，科学分流人群，防范聚集风险。

强化学校疫情防控。严格落实"一校一案"，细化完善学校疫情防控工作方案和应急预案；加强日常防控管理，校外住宿教职员工和走读学生实行"两点一线"管理，校内公共场所、学习场所、餐厅等重点场所应保持人员安全距离；严格学生宿舍管理，落实出入登记、请销假和体温检测制度。抓好疫情应急处置，学习按照防控要求，配备防疫物资；规范异常人员应急处置流程，经常性组织演练，一旦发生异常情况，第一时间隔离、第一时间报告、第一时间开展流行病学调查、第一时间处置。强化联防联控与工作联动，组织教育、卫生健康、市场监管、公安、交通运输等部门开展常态化巡诊巡查和检查指导。

（3）加强长效机制建设

健全领导指挥机制，完善日常运转与应急处置相结合的工作机

制；健全及时发现、快速处置、精准管控、有效救治的常态化防控机制，一旦发现疫情，立即跟进处置；完善专家会商和技术指导机制，发挥好专业作用，开展好防控策略措施和疫情趋势分析研判，适时调整和优化防控策略，提高疫情防控措施的可行性和前瞻性。

健全责任落实机制。压紧压实属地责任和部门单位主管责任，落实落细部门、行业、单位、家庭和个人责任，广泛发动群众支持、参与，形成完善的责任体系。持续强化区域、部门、社区和单位联防联控，抓好信息共享和应急处置，实现疫情防控闭环管理。坚持依法防控、科学防控、联防联控，坚持应急处置与常态化防控相结合，针对关键环节和风险点抓紧抓实抓细防控措施，切实做到外防输入不放松、内防反弹不松懈。

健全宣传培训机制。强化正面宣传，讲好"抗疫故事"，培树先进典型，传播弘扬正能量。大力宣传普及防控知识，引导群众做好个人防护，养成"一米线"、少聚集、多通风、勤洗手、常消毒、科学佩戴口罩、公筷制、咳嗽礼仪等文明健康的生活方式和卫生习惯。深入开展爱国卫生运动，健全环境卫生管理长效机制，持续开展人居环境卫生整治、科学消杀、宣传引导和科学服务，营造干净整洁的工作生活环境。把公共卫生管理纳入党政领导干部教育培训内容，推动健康防病知识进学校、进机关、进企业、进社区、进家庭。推进防控关口前移、重心下沉，提高全社会防病意识和防病能力。

健全服务保障机制。加强经费保障，持续加大投入力度；加大全民普法力度，提高全社会依法防控意识。加强物资供应，整合优化应急物资保障管理职能，抓好医用口罩、防护服等医疗物资动态储备，保障物资供应及时、科学。充分发挥大数据作用，实现疫情相关数据实时监测、动态分析和信息共享，全面提高疫情预警能力。

6.5　构建生态文化体系，建设人文长岛

6.5.1　培育发展海洋文化，守护长岛文化底蕴

（1）传承海岛传统文化

抢救性保护北庄遗址、猴矶岛灯塔等历史文化遗存，保护经典

海草房、典型军营等文化资源。

（2）保护传承非物质文化

实施非物质文化遗产项目代表性传承人扶持计划，研究创新砣矶砚、木帆船、刺绣、渔家号子等非物质文化遗产项目。重点制定非物质文化遗产（长岛渔号、木帆船）、长岛美食（鲅鱼饺子）等标准规范，以标准固化和传承长岛传统文化，规范引领长岛特色文化更好发展。

6.5.2 建设休闲宜居之岛，打造文化旅游品牌

（1）突出本地文化特色

建设休闲宜居之岛。探索"海洋+""生态+"绿色生产生活方式，挖掘"百年渔俗、千年妈祖、万年史前和亿年地质文化"文化内涵，创建省级、国家级旅游度假区、5A级旅游景区，建设成为富有魅力的海岛休闲度假目的地，打造"海上仙岛"度假胜地。

建设具有地方特色的休闲度假区。坚持"一岛一特色、一岛一聚集"，一座海岛突出一种建筑风格和文化内涵，建设具有浓郁地方风情的海岛小镇，做到建筑景观化、特色化。统筹自然生态资源、传统村落资源、海洋文化资源，精心打造渔家风情组团、海岸休闲组团和海上环游组团，形成功能完善的旅游产品集聚区。优化南长山岛、北长山岛空间结构，科学规划公共服务区，实施绿化、美化等生态保护和修复工程，完善旅游综合服务功能。

推进康养与多产业深度融合发展。长岛区位优势独特、旅游资源丰富、生态环境优良、文化底蕴深厚。长岛应立足海岛优势，以创新为驱动，促进"康养+"产业特色化、精品化、项目化，加快推进康养与旅游、文化、体育、医疗等产业深度融合发展，重点做好"动静结合，塑造亮点""老少皆宜，紧随热点""药食互补，利用优点"三个方面结合，打造"国际一流、长岛特色"的康养胜地。

（2）拓展旅游宣传方式

做好线上线下推介。按照"旅游宣传双促进"的思路，线上，继续在央视、山东卫视等权威媒体投放长岛宣传片，进一步借力新媒体，全力推广"抖IN长岛"城市区域挑战赛和"AR长岛"宣传；线下，举办好中华妈祖文化节、海鲜美食节、环岛马拉松、海岛音乐

节、海钓节等旅游节庆赛事活动。通过线上线下强势宣传，扩大海上仙山·生态长岛的对外知名度和影响力。

6.5.3 深化环保文化宣传，培养生态文明意识

（1）开展绿色创建活动

建设绿色社区。健全节能、节水、垃圾分类和绿化的环保设施，积极组织一系列持续性的环保活动。提高小区/乡镇居民的环境意识和参与保护环境的自觉性，促进良好的社会风尚的形成，提高小区/乡镇生态文明水平。

建设环境友好学校。根据自身办学特点和具体教学情况，采取多种环境教育方法，开展多层次的环境教育工作，不断提高师生的环境保护意识，用实际行动开展环境友好学校的建立。

建设生态家庭。积极打造生态家庭。在广大家庭中和试点社区/乡镇传播家庭节能方式。建立生态家庭考核指标，开展创建生态家庭的社区/乡镇活动；针对生态文明家庭建设制定一些具体的法规，把长岛生态文明家庭建设纳入规范化的轨道。

（2）积极培育生态文明理念

政府、企业、社区等各级单位通过多种渠道、采取多种形式，加强不同层次的生态教育，普及推广生态保护意识，广泛传播环境法律法规。政府层面健全完善综合考核评价方法，严格综合考核评价制度，着力提高干部环境保护意识，建立完善的生态问责制度，建立广泛有效的监督机制。企业层面培育企业环境保护意识，进行企业生态文化培训教育。社区/乡镇层面建立社区生态文化共建组织，积极开展文化教育活动。

（3）完善生态文明宣教体系

实施生态环境教育工程。加快生态教育课程体系的建设，使学校培养的人才更能适应生态文明、低碳经济社会发展需求。通过生态教育，促进民众生态观念稳固化、生态行为常态化和本能化，最终形成浓厚的生态文化氛围。

开展社区生态文明宣传。广泛宣传和大力倡导人与自然和谐共生的生态价值观，采取多形式、多渠道、多种媒体强化居民的生态意识、环保意识、景观意识。使爱护生态、保护环境的良好习俗蔚

然成风。

加强党政领导干部绿色教育。加大干部教育培训的绿色发展教学力度，加强资源环境国情和生态价值观教育，坚持理论学习和现实问题研讨相结合。党政领导干部要积极参与生态文明专题培训或环境教育活动。

开展多元绿色宣传活动。强化政府职能部门宣教能力，推进生活垃圾分类、节能减排、"光盘行动"、限塑行动等宣传力度。强化新闻媒体生态文明宣传，依托各类节能宣传平台，面向居民和重点企业组织节能宣传活动。强化交通运输生态文明宣传，丰富绿色出行宣传活动。强化公共设施生态文明宣传，积极通过多种媒介大力宣传生态文明。结合重要活动日，由相关部门组织开展专题宣传活动，鼓励举办绿色环保主题活动，鼓励群众积极参与。

6.5.4　加强文化载体建设

完善公共文化服务网络，为生态文明传播提供物质基础。制定基本公共文化服务保障标识、设施建设管理服务标识、机构考核评估标识，促进基本公共文化服务标准化、均等化。积极推动文化资源库、档案基础设施和信息化建设，促进科普与文化融合，加强科普基础设施建设，建设富有地方特色的科普场馆和专业科普场馆。

6.6　构建生态制度体系，建设法制长岛

6.6.1　建设绿色高效决策制度

（1）建立联席会议制度

长岛海洋生态文明综合试验区管委会协调生态文明建设各项工作，各成员单位定期召开部门联席会议，探讨生态文明建设的重点问题和关键项目，加强区域内各部门之间的联系与沟通，相互学习借鉴经验，研究探索生态文明建设的新经验、新方法。

（2）加强生态环境空间管制

继续实行空间、总量、项目"三位一体"的环境准入制度。严格落实长岛综合试验区环境功能区划，将环境功能区划作为开发建设活动环境决策的基本依据之一，落实各类环境功能区的差别化管控措施，严格执行负面清单制度，完善区划实施配套政策，推动国土

空间开发格局优化，促进产业转型升级。

　　(3)加强生态文明培训

　　加强对政府工作人员的生态道德教育，在党政干部和公务人员之间大力宣传生态环保意识，强化生态环境相关方面的专业知识，进一步完善干部政绩考核机制，对党政干部进行生态环保的责任审计；全面构建"区统一领导、环保部门统一监督管理、有关部门分工负责"的生态环境保护工作机制。

6.6.2　健全自然资源资产产权制度

　　(1)建立权责明确的自然资源产权体系

　　制定权利清单，明确各类自然资源产权主体权利。处理好所有权与使用权的关系，创新自然资源全民所有权和集体所有权的实现形式。除生态功能重要的外，可推动所有权和使用权相分离，明确占有、使用、收益、处分等权利归属关系和权责，适度扩大使用权的出让、转让、出租、抵押、担保、入股等权能。全面建立覆盖各类全民所有自然资源资产的有偿出让制度，严禁无偿或低价出让。整合分散的全民所有自然资源资产所有者职责，组建对全民所有的海洋、水流、森林、山岭、草原等各类自然资源统一行使所有权的机构，负责全民所有自然资源的出让。

　　(2)构建自然资源资产核算体系和负债表体系

　　构建自然资源资产核算体系及负债表，建立领导干部任期自然资源资产责任审计制度，开展自然资源资产动态评估，科学评价领导干部任期自然资源资产开发、利用及保护责任的履行状况。

　　(3)建立自然资源开发使用成本评估机制

　　构建长岛自然资源开发使用成本评估技术体系，综合衡量原有自然资源的价值减损量和开发完成后的项目效益，计算自然资源开发使用过程前后的综合成本，为项目落地提供技术支持和决策支撑。

6.6.3　推进生态有价评估制度

　　(1)建立自然资源资产评估制度

　　开展长岛综合试验区自然资源现状调查，对各类资源进行摸底调查，统一确权登记。建立自然资源资产评估体系，开展自然资源资产实物量核算和价值估算，严格区分资产存量和生态产品流量，形成权责明确、监管有效的自然资源资产产权制度。

（2）构建绿色发展整合评估制度

从经济、环境、社会等方面出发构建长岛综合试验区绿色发展综合评价制度，从资源消耗、环境损害、经济发展和生态效益为核心要素，依据实际情况，从可持续发展的角度对各指标进行评估，得出各行业、各乡镇以及全区的资源消耗指数、环境损害指数、经济发展指数和生态效益指数，综合得出长岛综合试验区绿色发展综合指数。

6.6.4　建立生态管理制度

（1）落实生态红线管控制度

探索建立长岛综合试验区生态红线管控制度体系，划定生态功能基线，明确禁止开发区、重要生态功能区和生态环境敏感区、脆弱区的范围及保护要求，出台生态红线管理办法及配套的产业准入政策；落实环境质量安全底线，明确区域环境质量达标红线、污染物排放总量控制红线和环境风险管理红线及控制对策；理清自然资源利用上限，明确能源消耗、水资源利用及国土资源开发最高限制及优化对策。

（2）完善生态保护补偿机制

按照"谁保护、谁受益""谁改善、谁得益""谁贡献大、谁多得益"的原则，建立辖区内的生态保护补偿机制，进一步完善生态保护补偿专项转移支付制度，制定生态保护补偿实施办法和绩效评价体系，形成奖优罚劣的生态保护补偿机制，促进当地生态保护与经济社会协调发展。

（3）建立生态发展激励机制

建立科学的生态保护和建设业绩评价体系，明确生态激励途径和方式，制定合理的激励和补偿标准。在消费领域出台推动绿色消费的激励制度，重点培育新能源、节能环保、循环经济、节能服务等战略性新兴产业。推行资源消耗标识和节能、节水、低碳产品认证制度，加快淘汰落后产能机制。

6.6.5 落实生态环境保护制度

(1)建立污染物排污监管制度

完善固定源排污许可证制度。建立名录,完善内容,进一步提高许可证发证数量和质量,紧密结合日常环境监督管理情况,对应纳入排污许可证管理范围的现有排污单位的排污情况进行全面摸底调查,建立排污许可证管理企业信息名录。加强对排污许可证的执法检查,形成排污单位必须"持证排污""按证排污"的监管导向;落实污染物排放标准执行监管工作,使排污许可证成为排放标准变更的载体;加强许可证信息公开和公众监督。

(2)建立生态环保监管执法体制

全面推动生态文明体制改革任务落地,开展生态保护综合执法体制改革,强化生态环境监管,推动长岛综合试验区自然生态系统全覆盖的执法管辖。出台长岛综合试验区生态资源环境综合执法联席会议制度,建立生态资源环境综合执法联席会议机制,通过定期召开联席会议,推动跨领域跨部门执法的联动协调,形成"发现—核查—执法—监督—评价"统一的执法业务模式。加快实现治理主体多元化、机构设置协同化、监管体系系统化、管理过程精细化、监管操作规范化、管理载体智慧化、价值实现市场化等。

(3)健全环境预警联动机制

以流域区域生态环境质量状况及其变化、损害健康的重点污染源和污染物排放情况为基础,构建监测预警机制,对水土资源和环境容量超载区域及时亮红灯,促进发展方式、产业结构及布局的调整优化。建立生态系统保护修复和污染防治区域联动机制,抓好湿地、森林等重要生态系统的保护修复,促进流域上下游不同行政区域之间、自然保护区和重要生态功能保护区内外之间的统筹保护。

(4)完善环境应急管理体系

健全环境风险源、敏感目标、环境应急能力及环境应急预案等数据库,建立健全突发环境事件应急指挥决策支持系统。充实各级环境应急专家队伍,依托大型企业建立专业化应急处置队伍和区域性环境应急物质储备库,开展地方环境应急救援处置社会化试点。强化重污染天气应急响应联动,深化与气象等部门的协商,做好重污染天气的联合应对。

（5）加快完善环保网格制度

按照"属地管理、分级负责、全面覆盖、责任到人"的原则，将辖区划分为环保网格，建立网格化环境保护管理责任体系，形成区管委统领全局，各乡镇、各部门各司其职的环境保护工作局面；严格落实责任制，采取企业自查、村镇检查，镇政府督查的方式，对大督查、检查中发现的环境隐患和问题，督促有关企业、单位及时整改；同时，鼓励群众积极参与环保监督，增强公众环境意识，保障群众的知情权和监督权。

（6）实施生态环境保护督导制度

监督和指导有关生态环境保护责任主体切实履行生态环境保护主体责任，强化污染防治源头管控，对长岛相关部门、镇的督导，主要采取"挂牌督办"和"约谈"制度，对污染物排放单位、出租物业业主和管理人的督导，主要采取"专业督导""联合督导"等方式。对股份合作公司的督导，主要采取"联合督导""互查互学"和"两代表一委员监督"方式。

6.6.6　推行生态优先考核制度

（1）实施生态环境指标考核权重制度

增加对生态文明建设责任的考核权重，逐步提升生态文明建设工作占党政实绩考核的比例，由区管委与乡镇政府层层签订《生态文明建设目标责任书》，并将其纳入各级干部政绩考核内容，作为晋升职务、评选先进的重要条件，对未完成生态文明建设目标任务的领导干部，取消评优资格，不予提拔任用。

（2）强化"党政同责"和"一岗双责"

明确各级党委、政府对本地区环境保护负总责，党政主要领导对环境保护工作负全面领导责任，落实党委政府对生态文明建设重大目标任务部署。严格落实《党政领导干部生态环境损害责任追究办法（试行）》相关要求，建立党委、政府对环境保护负总责、生态环境部门统一监管、各有关部门和单位各负其责的工作机制，建立"源头严防、过程严管、损害赔偿、责任追究"的全过程生态环境监管体系。严格落实环保工作职责，形成工作合力。认真开展环保大检查，加强组织领导，强化督促检查，抓好自查自纠，对排查出的隐患和问题列出清单、明确责任、限期整改。

(3)深化生态环境损害责任追究制度

以自然资源变化情况、生态保护红线管控情况、水和大气环境质量等级变化情况，环境治理效果为重点，依据自然资源资产负债表建立自然资源资产离任审计制度，具体落实生态环境损害责任追究制度。对生态文明建设约束性指标没有完成并导致生态环境严重污染和资源严重破坏的，由组织部门启动对相关乡镇党政一把手的追责机制；情节特别严重、涉嫌违法的，移交司法机关处理，对生态文明建设有突出贡献的领导干部给予表彰。

(4)开展党政领导干部任期生态审计制度

建立针对领导干部颁布自然资源资产管理履职情况制定的任期生态审计制度，对长岛综合试验区领导干部在任期间自然资源资产开发、利用和保护履责状况进行评价。探索并逐步形成一套比较成熟、符合实际的审计规范，明确审计对象、审计内容、审计评价标准、审计责任界定、审计结果运用等，推动领导干部守法守纪、守规尽责，促进自然资源资产节约集约利用和生态环境安全。

第7章　重点工程及效益分析

7.1　重点工程汇总

　　长岛海洋生态文明综合试验区生态文明建设项目涉及的重点工程共可分为五大类，各类型的重点工程总投资见表 7-1。

表 7-1　重点工程总表

序号	类型	概算总投资（亿元）
1	生态环境保护类重点工程	26.25
2	海岛旅游发展类重点工程	84.00
3	海洋经济发展类重点工程	3.00
4	社会服务事业类重点工程	0.91
5	基础设施建设类重点工程	25.92
	合计	140.08

7.2　重点工程及实施年限

7.2.1　生态环境保护类重点工程

表 7-2　生态环境保护类重点工程清单

序号	项目名称	主要建设内容	实施年限	概算总投资（亿元）
1	产业升级转产转业	长岛船业总公司淘汰落后产能	2021.01-2022.12	0.25
2	长岛污水处理厂再生水利用工程	长岛污水处理厂进行再生水利用	2021.01-2022.12	0.08

（续）

序号	项目名称	主要建设内容	实施年限	概算总投资（亿元）
3	乡镇生活垃圾无害化处置项目	在北五岛、西三岛各建设一处日处理2~5吨的垃圾处理站，对新增量垃圾进行处理。同时，对几十年来产生的存量垃圾填埋场进行处理、外运，进行生态修复	2021.01~2022.12	0.70
4	岸滩生态系统修复重点项目	对大黑山岛、大钦岛、砣矶岛、北隍城岛岸段进行海堤生态化建设约9.93公里，整治修复受损岸线，改善海岸带生态环境，提高防灾减灾能力	2021.01~2022.12	1.92
5	长岛海域生态修复项目	在长岛海域增殖放流恋礁鱼苗约1200万尾、投放人工鱼礁30万空方	2021.01~2025.12	1.20
6	山体综合治理项目	对北长山岛等有居民岛屿30处山体滑坡开展综合治理	2018.01~2025.12	1.80
7	全岛污水处理设施建设项目	在有居民岛屿布局建设污水处理设施和配套管网，实现污水处理全覆盖	2018.01~2025.12	2.00
8	清洁能源集中供暖工程	选用空气源、天然气等清洁能源作为燃料，改造、扩建现有热力厂，扩大海水源供暖面积	2018.01~2025.12	1.20
9	海上溢油应急处置设备库项目	占地面积5500平方米，建设现代化库房约1500平方米；配套管理辅助用房约950平方米及设备设施整理场地	2018.01~2025.12	0.60
10	斑海豹等海洋生物栖息地修复项目	在保护区内规划200平方公里海域建设生态岛礁、增殖大型藻类，为海洋生物提供摄食场所，营造良好栖息环境	2021.01~2030.12	6.00
11	猛禽迁徙栖息地修复项目	在现有保护区范围内进行退化林改造、裸露山体造林、林业有害生物综合治理、珍稀濒危鸟类、蛇类等救助、猛禽迁徙生境改造	2021.01~2030.12	5.00
12	保护区科研宣教系统建设项目	建设宣教中心、科研中心4000平方米，配备宣传科研设备，建设管理信息系统，海洋生物和陆生动植物标本制作	2021.01~2030.12	1.00
13	地质遗迹保护项目	修复保护面积6平方公里，重点对黄土地质遗迹进行修复和保护、对长山尾地质遗迹进行修复性保护	2021.01~2030.12	0.50

（续）

序号	项目名称	主要建设内容	实施年限	概算总投资（亿元）
14	其他建设项目	①建设保护区界碑 200 个、界桩 3000 个、海上警示浮标 100 个； ②建设保护区业务用房 1 处 3000 平方米，管理站 8 处 4000 平方米、管护点、检查站和哨卡 100 处 2400 平方米； ③建设生态监测站 3 处 900 平方米、动植物疫病监测站 3 处 900 平方米； ④建设保护区巡护道路 50 公里和管护码头 5 处，维修改造巡护道路 150 公里和管护码头 15 处； ⑤建设野外生态教育点 20 处 2000 平方米； ⑥建设公共教育线路 160 公里（其中步道 50 公里、栈道 10 公里、自行车道 100 公里）、改扩建鸟展馆 1000 平方米	2021.01–2030.12	4.00

7.2.2　海岛旅游发展类重点工程

表 7-3　海岛旅游发展类重点工程清单

序号	项目名称	主要建设内容	实施年限	概算总投资（亿元）
1	旅游娱乐商务区建设项目	项目占地 1292 亩、游艇区 260 亩，建筑面积 62.6 万平方米，主要建设度假酒店、游艇俱乐部及商业配套设施	2018.01–2025.12	35.00
2	航空小镇建设项目	项目占地 390 亩，规划建设直升机码头、游艇码头，并以此为依托建设航空乐园、飞行小镇、游艇小镇，配套建设商业及服务配套设施	2018.01–2025.12	45.00
3	海上客运旅游船舶提档升级和智能化安全保障项目	建造旅游船只，提高陆岛客货运输保障能力，规划建设（整合）覆盖长岛沿海全域的海上数字监管系统，包括岸基雷达、闭路电视监控和船舶自动识别系统，实现对船舶动态一体化调度与监控	2018.01–2025.12	4.00

7.2.3　海洋经济发展类重点工程

表 7-4　海岛经济发展类重点工程清单

序号	项目名称	主要建设内容	实施年限	概算总投资（亿元）
1	深海半潜式智能养殖场项目	在大钦岛、车由岛、小竹山岛海域建设安装专业定制的深海半潜式智能养殖场 10 组，网箱总容量 50 万立方水体，用于海洋鱼类养殖生产	2018.01-2025.12	3.00

7.2.4　社会服务事业类重点工程

表 7-5　社会服务事业类重点工程清单

序号	项目名称	主要建设内容	实施年限	概算总投资（亿元）
1	福利综合服务中心建设项目	项目占地面积约 10 亩，建筑面积 4000 平方米，床位 100 张	2018.01-2025.12	0.30
2	日间照料中心及农村幸福院建设项目	建设日间照料中心 2 处、农村幸福院 20 处	2018.01-2025.12	0.10
3	中医服务能力提升项目	在长岛医院、南长山社区服务中心、北长山卫生院、黑山卫生院、砣矶中心卫生院、大钦卫生院及北隍城卫生院建设国医堂	2018.01-2025.12	0.10
4	医疗救护能力提升项目	更新配备 CT、DR、E 超等大型医疗设备，对 6 个乡镇卫生院和 15 个村级卫生室进行标准化改造、扩建	2018.01-2025.12	0.16
5	"智慧校园"建设项目	建设数据中心、无线网覆盖、3D 创新工作室、心理咨询辅导室等工程；配备人人通终端设备、多功能教室设备等；更新微机室部分教师用机、班班通设备等	2018.01-2025.12	0.10
6	博物馆和民俗馆建设项目	新建展厅 4140 平方米，文物库房和文保技术室 2538 平方米，整修相关配套设施	2018.01-2025.12	0.15

7.2.5 基础设施建设类重点工程

表 7-6 基础设施建设类重点工程清单

序号	项目名称	主要建设内容	实施年限	概算总投资（亿元）
1	国道 517 长岛环岛路改建工程	对国道 517 长岛线进行改建，总长度 12.695 公里，其中：新建 6.116 公里，路面改造 4.676 公里，其余 1.903 公里完全利用	2018.01-2025.12	1.30
2	道路建设改造工程	按照海绵城市的标准及规范化要求，对长岛城区范围内现有的 24 公里、40 万平方米主次干道进行改造，同时配套建设地下管沟 32.5 公里、雨污分流管道 32.5 公里、雨水积蓄池 2.45 万立方米	2018.01-2025.12	8.60
3	港陆岛交通码头工程	规划新建 1000 吨级陆岛交通码头泊位 15 个、改造 1 个，配套相应的电气、给排水、消防、环保等设施；新建交通枢纽综合体 1 处，建筑面积 5 万平方米	2018.01-2025.12	6.80
4	陆岛交通码头建设项目	在砣矶岛建设 1 处陆岛交通枢纽工程，在南隍城岛建设 1 处 1000 吨级陆岛交通码头	2018.01-2025.12	1.40
5	海事码头工程	在长岛港区建设一处 1000 吨级海事巡航码头，泊位长度 115 米	2018.01-2025.12	0.30
6	渔业港口建设项目	在小钦岛、砣矶岛、北隍城岛、大钦岛、大黑山岛、小黑山岛、南隍城岛、南长山岛，建设 7 处二级渔业安全港，1 处避风锚地	2018.01-2025.12	1.90
7	山东省本级低空预警系统建设项目	在北长山岛建设低空预警系统项目，总建筑面积 7000 平方米，包括指挥控制中心、站房及配套用房和附属设施	2018.01-2025.12	0.35
8	海水淡化建设改造项目	在长岛有居民岛屿新建 7 处、日处理规模 6500 吨的海水淡化站，对现有海水淡化站进行升级改造	2018.01-2025.12	1.00
9	西三岛海底供水工程	敷设海底管道，将南长山岛水源引入庙岛、小黑山岛、大黑山岛	2018.01-2025.12	1.50
10	跨海供气工程	敷设中压管网 19 公里，实现城区和城中村全部供气。敷设跨海供气管道，总长 8.3 公里	2018.01-2025.12	1.60

（续）

序号	项目名称	主要建设内容	实施年限	概算总投资（亿元）
11	海洋气象综合观测试验基地建设工程	项目占地面积 13.75 亩，建设观测用房 2000 平方米左右，购置观测设备，观测范围以长岛为中心，包括庙岛群岛全域，向西辐射到莱州湾东部海域，向东辐射到烟台至成山头北侧沿海及海域	2018.01-2025.12	0.52
12	王沟水库增效扩容及涵养工程	对王沟水库进行增效扩容和防渗处理，修建环山渠以及路面集雨，加大拦蓄面积，涵养地下水源	2018.01-2025.12	0.15
13	供水管网改造工程	敷设改造自来水管道 80 公里	2018.01-2025.12	0.50

7.3 效益分析

7.3.1 经济效益

规划建设项目的实施，将在合理优化长岛产业结构、促进产业集聚、转变经济发展方式、提高经济活力等方面逐步体现其巨大的经济效益，为实现长岛建设提供了有力保障。通过转变农业发展方式，加快生态特色农业现代化建设，加速发展生态经济，推动产业优化升级，推动绿色发展，建成全国生态文明先行示范区等手段，实现长岛经济跨越式发展。

（1）优化产业结构，促进经济快速、健康发展

根据生态工程建设理念，合理三产比例、优化产业结构，引入清洁生产、循环经济等先进技术手段与管理方法，通过绿色工业、生态农业、生态服务业和生态旅游工程项目建设，有利于转变长岛经济成长方式，减少资源与能源浪费、降低消耗、提高效率，形成有利于节约资源的生产方式和发展模式，实现经济快速、健康、持续发展。

（2）改善投资环境，增加引资力度

规划在人居环境、资源可持续利用和生态安全保障等建设工程，必将促进长岛生态环境质量改善，美化人居环境，提高资源环

境质量条件。这为从整体上提高长岛的品味和城市形象、改善投资环境，将不断加大外来资金的引入，吸引更多投资商入驻长岛，从而带动长岛的经济发展。

（3）扩大就业机会，提高居民收入

经济发展、资金引入将带动绿色工业、生态农业和生态旅游的全面快速发展，而这又将为长岛内剩余劳动力提供更多的就业机会和发展空间，扩大居民收入的途径，从而增加当地居民的收入。

7.3.2　社会效益

随着生态环境体系的建设、生态人居体系建设、生态文化体系建设，将大大地提高长岛的社会知名度，改善居民居住环境，提高人口素质，树立居民的生态文明理念等方面产生显著的社会效益。

（1）改善人居环境，提高生活质量

通过实施环境质量改善工程，城市的生态环境质量将得到进一步改善。城市绿化、美化将为居民生活增添更多生气与活力，使居民的居住环境更为舒适与优美。同时随着生态经济发展、城乡统筹体系建设、人均收入提高，贫困人口比例将不断下降，社会收入分配趋于平衡、合理，人们消费结构与消费理念改变，从而使得人与自然矛盾不再凸现而关系逐渐趋于和谐。

（2）提高人口素质，普及生态理念

通过树立先进的生态文化理念和弘扬优秀的民族传统文化，大力发展社会文化、社区文化、企业文化，使人们对体制认知、自然认知、生态认知不断加强。这将全面促进居民生态文明程度，提高人口素质，为长岛整体社会形象提高提供有利条件；同时通过一系列生态文化的宣传工程，绿色文明生活方式的倡导，使得居民生态理念、绿色消费理念不断增强，有利于推动资源的循环利用和能源的高效节约使用，促进居民提高环保意识、消费品位，从而实现全社会的可持续发展。

7.3.3　生态效益

规划实施有利于提高长岛自然资源与生态环境保护力度，环境污染得到控制、资源得到合理开发利用、抗御自然灾害能力得到提高，整个生态系统趋于良性发展。

（1）改善城市生态环境，树立生态区形象

通过城市绿地系统和生态防护林系统的建设以及环境综合整治的开展，城市生态环境质量将进一步得到改善。污水处理工程建设，将使全区生活污水得到集中处理，这将对当地的地表水和地下水体得到很好的保护，减少了人为污染带来的水体生态环境的破坏；通过工农业企业的合理布局与集中化，将提高对资源与能源的利用效率，减少废物的排出，从而减轻对生态环境的破坏；通过循环经济、生态消费理念提出，将提高固废的减量化；通过生活垃圾处理工程及配套设施建设，将达到垃圾的减量化、无害化；城市绿地景观工程实施，将使城市绿地率、人均绿地占有量等大幅度提高，使环境污染自净能力和生态调控能力大幅度增强，逐步给居民创造一个自然而健康的生态环境。

（2）协调人与自然的关系，维护生态系统平衡

通过对生态要素、经济要素等划分生态功能区，将形成合理的生态格局，促进生态资源的持续发展。绿色企业的创建、发展清洁能源、清洁生产与绿色农业等技术的融入，将形成全市良性发展结构，产生较大生态价值。森林资源、土地资源、水资源的保护与开发，将为长岛生态环境的改善，城市人居环境的美化提供保障，同时也将提高生物多样性，丰富生态资源。总体来说，通过"六大体系、六大工程"，将使长岛生态环境得到改善和加强，生态价值得到提高，生态系统达到平衡发展，最终实现生态区创建目标，促进经济社会发展迈上新台阶。

第 8 章　保障措施

8.1　组织保障

8.1.1　建立规划实施的组织机构

建设生态文明，是一项全社会参与的系统工程，必须切实加强领导，加强统筹与组织协调，实现环境与发展综合决策，定期研究解决生态文明建设中的重大问题，并明确责任目标，加强考核。

8.1.2　健全规划实施的管理体系

长岛海洋生态文明综合试验区工委、管委是规划实施的主要领导者、组织者和责任承担者，承担规划实施的检查和各种组织、沟通、协调和服务；各种企事业单位是规划的具体执行者。

8.1.3　明确规划实施的目标责任

把长岛生态文明建设规划重点任务纳入目标责任制，逐级分解目标任务，实行党政一把手亲自抓、负总责，建立部门职责明确、分工协作的工作机制，做到责任、措施和投入"三到位"。各有关部门要把生态文明建设规划的重点项目列入重要议事日程，将生态文明建设目标分解为具体的年度目标，明确重大工程建设管理的领导分工，落实各项工作的具体措施，并实行年度考核，并将生态文明建设目标任务完成情况，列为政府和干部政绩的重要内容。在企业评优、资格认证和有关创建活动中，实行生态环境保护一票否决制。

规划实施期间，长岛社会经济发展的环境很可能发生与本规划编制时的判断不一致的情况，规划内容必须适应新的变化并进行必要调整。通过中期评估，根据新的社会经济发展形势和环境问题及变化趋势，研究提出规划内容调整的意见，才能更好地发挥其行动纲领的作用。通过中期评估，还可发现政府各部门落实任务的具体情况，从而起到督促有关部门落实规划的作用。

8.1.4　加强规划实施的合作协调

加强长岛各相关职能部门与政府之间的合作。逐步理顺部门职责分工，增强环境监管的协调性、整体性。建立长岛部门间信息共享和协调联动机制。各有关部门依照各自职责，做好相关领域生态文明建设工作。

做好生态文明建设规划与其他规划之间的衔接和协调，确保总体要求一致，空间配置和时间安排协调有序，形成各类规划定位清晰、功能互补、统一衔接的规划体系。

8.2　制度保障

（1）加大政策引导和扶持力度

建立以保护生态环境，加强生态安全为导向的经济政策。生态文明建设的重大工程和重点项目优先立项，依法优先保证用地，并在税收等方面依法给予优惠支持。清理和规范收费项目，调整收费标准，依法征收和管理，并探索实行环保税款专款专用制度，引导社会生产力要素向有利于生态文明建设的方向发展。

（2）完善相关制度体系建设

建立健全长岛国土开发保护制度，实行最严格的水资源管理制度、环境保护制度。按照生态文明建设的要求全面清理和修订规范性文件，重点在生态用地占用方面完善相关的规章体系，建立有利于推进生态文明建设的制度体系。

（3）创新生态环境保护机制

推动环境治理和环评管理机制创新，积极探索建立更加符合生态文明建设要求的环境治理机制，把资源消耗、环境损害、生态效益纳入经济社会发展评价体系，建立体现生态文明要求的目标体系、考核办法、奖惩机制，全面提升环境管理水平。

（4）加大环境执法力度

建立高效的环境监督管理体制，强化执法检查和监督管理，依法严肃查处各种环境违法行为和生态破坏现象，对不符合长岛产业政策和环境要求、污染严重的企业，依法予以关闭，并适时组织开展专项整治活动，解决突出的环境问题。加强环境执法队伍建设，提高监督管理能力。按国家标准化建设要求，配好环境监测和环境监察装备设施；健全地表水断面监控设施，完善重点污染源在线监测监控系统，提升监督管理手段。充分发挥新闻媒体的舆论监督作用，及时报道环境保护的先进典型，公开曝光污染环境、破坏生态环境的违法行为，推动生态文明建设走上法治化轨道。

8.3　机制保障

（1）完善生态文明建设的民主监督机制

充分发挥民主监督作用，进一步加大新闻媒体、社会各界及群众的监督力度，完善有奖举报制度。建立环保问题公众听证会制度，不定期地公布环境状况和环保工作的信息，为公众关注环保、参与环境监督和咨询提供必要条件。定期开展公众对环境满意度和生态文明建设意见与建议的调查工作，增进政府和公众的沟通互动，保障公众的参与权、表达权和监督权，让更多的社会公众通过法定程序和渠道参与规划实施的决策和监督，推进规划实施的规范化、制度化。

（2）探索生态文明建设的区域合作机制

长岛进行生态文明建设，必须注重加强同其他省市、国内外组织的合作，不断引进并吸收先进理念、治理技术、管理模式和有益经验。应加快健全生态文明建设的对外交流机制，学习借鉴国内外环境保护的先进理念、经验和模式，避免走西方国家先污染后治理的老路，不断探索适合本地的生态文明建设道路。通过先进技术与设备的引进、消化、吸收、再创新，不断增强技术创新能力，为生态文明建设提供坚实的科学技术保障。着力消除各种贸易障碍，广泛开展在人才、资本、产业联盟、创新基地等方面的国内外合作，吸引更多的人才、资本、产业等向生态文明建设事业聚集。

8.4 资金保障

(1) 加大财政投入力度

长岛管委会要按照建立公共财政的要求，加大本级年度财政预算对生态文明建设资金的投入力度。对于生态保护和建设、生态环境监督能力建设等社会公益型项目，要以政府投资为主体，实施多元化投资。重大的生态文明建设项目应优先纳入国民经济社会发展计划，同时也应拓宽财政支持来源。

(2) 建立多元化融资渠道

发挥市场机制配置资源的基础性作用，支持生态项目进行设备融资、发行企业债券和上市融资。

围绕发展循环经济、生态环境保护与建设、清洁生产技术与工艺、资源综合利用等，在资金、技术、人才、管理等方面积极开展其他地区的交流与合作。积极引进、推广国内外的先进技术和管理经验。长岛管委会要把生态文明建设重点项目纳入招商引资范围，积极鼓励外商参与有关项目的合资合作。

采取多种手段有针对性地面向国外大企业、大财团和省外客商，推介一批经过细致规划、科学论证、有较好市场前景和回报效益的生态建设项目。

(3) 推进生态建设进程

同时将公益性质的收费，在一定期限内转化为经营性收入，推进长岛垃圾、污水集中处理和环保设施的市场化运作。组建具有一定规模的环境污染治理公司，提供污染治理的社会化、专业化服务。

8.5 技术保障

(1) 推广先进适用的科技成果

在清洁生产、生态环境保护、资源综合利用与废弃物资源化、生态产业等方面，积极开发、引进和推广应用各类新技术、新工艺、新产品。对科技含量较高的生态产业项目和有利于改善生态环境的适用技术，予以享受高新技术产业和先进技术的有关优惠政策。

（2）建立生态环境信息网络

加强生态环境资料数据的收集和分析，及时跟踪区域生态环境变化趋势，提出对策措施，定期发布生态文明建设评估报告。开展环境现状普查，建设环境资源数据库，实现信息资源共享和监测资料综合集成，不断加强生态环境监测和跟踪水平。利用网络技术、3S 技术、人工智能等技术，建立决策支持信息系统，为生态文明建设提供科学化信息决策支持。

（3）推进环境科技创新

建立完善的激励机制，促进科技人员的技术创新。大力支持生态环境领域的科学研究、开发和研制，鼓励绿色工业产品的开发生产，发展技术先导型、资源节约型、环境保护型的产业和产品，开展科技项目的示范，加速创新成果的生产力转化。继续深化各类科研机构的体制改革，建立起符合市场经济规律的生态环境科学基础研究、高新科技研究项目等工作。组织有关部门和专家，借鉴国内外经验，制订符合长岛的生态产业标准，配合生态产业优惠政策，推动生态产业快速健康发展。

8.6　人才保障

（1）完善选人用人机制

不断深化党政领导干部制度改革，建立健全科学的干部考核评价机制，领导干部职务优化配置机制，干部发现择优机制及干部监督机制。着眼于破除束缚人才发展的思想观念和体制机制障碍，解放和增强人才活力，创新用人机制，因事设岗，以岗选人，坚持德才兼备，注重凭能力、实绩和贡献评价人才。

（2）加强人才培养

建立生态文明教育、生态文明培训体系，制定生态文明人才能力建设评价指标体系，推行教育培训档案制度和登记制度。鼓励支持人才更广泛地参加继续教育学习。对于不同岗位之间建立交流平台，通过交叉岗位轮值，使得人才在各方面全面发展，提高各自工作能力。建立专项基金，同时加强对从事生态环境保护、生态经济建设专职人员的技术培训，设立国家公园研究院、山东省委党校长岛校区、山东省海洋生态文明学院等，培养一支懂业务、善协调、会管理的生态文明建设专业队伍。

（3）加强人才引进

创建和完善科学的专业人才引进制度，引进生态文明建设所需的各类高科技人才。积极建立长岛人才需求信息系统，建立科学的激励政策，以优惠的激励政策激励创新人才。提高人才引进的服务水平，优化生态文明人才发展环境。

8.7　舆论保障

（1）促进科学传播

进行多种形式的生态环境教育和科普宣传教育，建立环境教育基地，编制生态文明教育宣传材料，开展"生态夏令营""绿色学校（幼儿园）""绿色社区"等公益活动，加强对各级领导干部和企业法人、经营者的相关知识培训，大力推进对广大村民的环境教育，开展"环境宣传教育下乡"活动，使生态文明建设家喻户晓，深入人心。加强消费引导，大力推行绿色消费和永续消费，在全社会促进生产方式、生活方式和消费观念的转变。

（2）号召全民参与

规划经批准后，要向社会公布，并加强规划实施宣传，充分利用广播、电视、报刊、网络和新媒体等，拓宽思想，创新载体，多渠道、多层次、多形式地开展生态文明建设的舆论宣传，使公众深入了解规划确定的方针政策和发展蓝图，在长岛形成了解规划、关心规划、自觉参与规划实施的氛围，从而把开展生态文明建设切实转化为各级各部门和全社会的自觉行动，实现生态文明建设的良性互动和永续发展。